湛庐

与最聪明的人共同进化

CHEERS

HERE COMES EVERYBODY

CHEERS
湛庐

The Clutter Connection

[加]
卡桑德拉·阿尔森 著
Cassandra Aarssen
吴岭 译

让你摆脱
混乱的人生
整理术

浙江教育出版社·杭州

你离"整理专家"还有多远?

扫码加入书架
领取阅读激励

扫码获取
全部测试题及答案,
一起了解让日常生活
更加简单顺心的整理术

- 如果你有一些多年都不用的瓶瓶罐罐,怎么处理它们才好呢?
  A. 直接扔掉
  B. 收纳留用

- 对一个家来说,应将整理以下哪个区域作为首要任务?(单选题)
  A. 客厅
  B. 厨房
  C. 卧室
  D. 卫生间

- 如果你和家人对"整洁"的要求不同,以下可以帮助你们和谐共处的做法是?(单选题)
  A. 尽量减少公共空间的物品
  B. 各自按照喜好整理私人空间即可
  C. 精细分类派应该向简单分类派让步
  D. 更喜欢打扫的一方应该帮助另一方整理房间

扫描左侧二维码查看本书更多测试题

前　言

从懒人到整理专家

为什么你的孩子好像总是没办法将玩具放好？为什么无论你怎么再三提醒你的丈夫，他也不会把脏衣服放进洗衣篮？或许你自己也正饱受杂物堆积、清洁习惯差、收拾效率低等问题的困扰，并强迫自己的内心接受这样一个事实——你天生就是一个懒惰、没条理的人。

但我向你保证，从来就不存在天生懒惰、没条理的人。在本书中，我将揭晓你被杂物问题困扰的真正原因，并告诉你解决这一问题的简单方法。你并不是天生懒惰、没条理，只是你不适合传统整理术罢了。我将带你深入了解一套整理系统，这套系统基于你自身的特性，符合你的整理风格。我将向你介绍四种不同的昆虫整理人格，并对它们进行详细阐述，从而帮助你找到最适合自己的整理风格。最开始，我想运用传统整理术，让自己从混乱的状态中挣脱出来，变成做事井井有条的人，但最后却失败了。后来，我结合自己从失败到成功的整理经历，终于设计出了这一套昆虫整理人格系统。过去我打心底里认为，自己天生懒惰、没条理，多次努力做出改变却总是毫无进展。后来，我发现了真正适合自己的整理风格，并借此克服了整理障碍。现在，我将一一向你展示我的这些整理心得，相信你也一定能做到。

我提出的这套昆虫整理人格系统，源自我与混乱问题和整理障碍长期斗争的经验。一开始，我在博客上记录自己的整理心得；随后，我在视频网站上创建了自己的频道；紧接着，我又与社区里的客户合作，帮助世界各地的家庭解决混乱问题。在这趟整理之旅中，我发现有些东西至关重要，它们可以帮助我们改变包括整理在内的许多事。

我偶然间发现了整理术和人格之间的关系。这是一个简单但又普遍存在的事实。对那些一向整洁的人来说，传统整理术是有效的，而对于那些长期处于混乱状态的人来说，想要生活井井有条似乎是一个遥不可及的梦。混乱问题和人格之间的关系其实非常简单：你自身的混乱状态与外在的实物无关，真正与之相关的是你的人格类型和大脑运作方式。

要改变一个人，必须先改变他对自己的认识。

——亚伯拉罕·马斯洛（Abraham Maslow）

本书的重点并不是教你如何将家庭和生活打理得井井有条，而是解密为什么你一开始就陷入了混乱的困境。整理成功的关键在于整理者发展出符合自身个性和整理类型的自我意识。一旦你明白了自己为什么会采取这样的整理方式，或者为什么从不进行整理，你就不会再挣扎于混乱的困境之中。借此，你将会很轻松地找到适合自己的整理

前　言
从懒人到整理专家

风格和策略，而且，这种整理风格和策略与你的个性绝非背道而驰，而是相得益彰。学会认识和欣赏自己的独特之处，将会帮助你由内而外地认识和解决自己的混乱问题。我们这辈子总是被告知该如何去打理家庭，乃至整个人生。我们面临的是一种单一的解决方案——打理出干净整洁的空间，好像每个人都能轻松做到似的。甚至当我们还是孩子的时候，便会被告知该如何保持桌面、书包以及卧室的干净整洁。在我小时候，尽管有时我明明刚收拾过房间，我妈妈还总是不停地念叨着让我将自己"乱糟糟"的房间收拾干净。很显然，我和她对于整洁的理解完全不同。在学校里，我的桌面、书包和储物柜的混乱程度好比"灾难现场"。无数的老师曾告诉过我，我很没有条理。

从我记事起，我就不断地接收到这样的反馈，这使我习惯性地认为自己是一个邋遢的人。请好好思考一下自己的人生，你是否也因为自己无法按照传统整理术去做，而认定自己是一个邋遢的人呢？诸如此类的消极想法往往会让自己信以为真。我们对自身的看法塑造了我们的人生。

一说到整理，我们仿佛都要被塞进同样的方形整理盒内，但事实上有些人是圆形的。现在，是时候跳出思维定式，重新看待整理问题了！从现在起放弃无效的整理术，专注于那些行得通的方法。我要告诉你的是，只要了解了自己的整理人格，你就会变得更快乐、更有条理、更有效率。在本书中，我们将一起发现并确认你的整理人格与混乱问题之间的关系。

声明一：我不会假装自己有一些神奇的方法，能帮你在一夜之间改变生活，当然我也不会假装自己的生活井然有序。说实话，我总是一团乱，但我乱中有序。

声明二：我不会告诉你该如何去整理自己的家。毕竟我从来没见过你的家，又怎么会知道该如何去整理呢？同理，你不用依照别人打理家庭和生活的方式，以及大众对应该如何打理的期待，来打理自己的家庭和生活。

整理不能一刀切。本书会让你对自身的优点和能力有惊人的认识，如一面镜子，清晰呈现出你的个性，并给你一份"礼物"——你的自我意识的觉醒。我会当你的专属啦啦队长，为你呐喊助威，向你展示让你变得超棒、超有条理、超有效率的所有方法。你将成为全方位的整理达人，为自己和家人带来更好的生活。我会给你一些提示、技巧和诀窍，帮助你踏上整理之旅。你可以借助自己新发现的整理天赋，知道从哪里开始以及如何开始，你将会惊讶于自己将整理技能掌握得如此神速。

坦白说，这趟旅程并不容易，但我保证它是值得的。虽然你可能有一些需要解决或改变的习惯，但我会带你走完这个过程，并尽可能让你在这个过程中感到轻松和愉悦。你会有一段糟糕的日子，也许会持续好几周，你不一定每晚都会洗碗，有时你的衣服也会堆积如山。但我向你承诺：本书会为你提供工具、知识和信心，让你遇到瓶颈时能够通过整理让生活重回正轨。

很快，你会越来越处之泰然，不再感到失控。你的生活会越来越

前言
从懒人到整理专家

轻松。让生活更轻松是整理工作的全部意义。整理就是要让你的日常生活变得简单和顺心,从而让你更有效率和精力,最重要的是,让你减轻压力,变得更快乐。我在这里说的不仅仅是家庭整理,也是整个人生的整理,而这一切比你想象的要容易得多。

我曾经和你一样,甚至比你现在更加杂乱无章。我真的经历过从门口到冰箱、浴室和床上满是衣服和垃圾的生活,我只能勉强在垃圾中挤出一条路来走动。当我试图控制这种混乱时,我却发现衣柜、抽屉和其他隐藏空间已被塞得满满的,我永远找不到要找的东西。在我人生的大部分时间中,我都感觉自己像一个彻头彻尾的失败者,混乱、无序、焦头烂额。我总是迟到,总是不知所措。

后来发生了什么,让我从懒人转变为整理专家?我是如何从患有注意缺陷多动障碍(ADHD)、家里乱糟糟的人,转变为整理高手,如今还在帮助世界各地的五十多万人解决整理问题的?原因便在于我不再一味模仿他人。我不再尝试模仿从电视或杂志上看来的整理理念和解决方案;我不再尝试按照亲友的方式来规划和安排我的生活;我不再试图因袭他人的整理理念,而是发现了最适合自己人格类型的整理系统;我不再因自己未能适应他人眼中高效、有条理的生活而感到自责,而是利用自己的优势创造出独属于我的有序生活。

我的家不完美,我也不完美。我之前的混乱正是想要一切都完美的想法导致的。我开始拥抱"不完美,但足够好"的自己。你猜怎么着?现在,我的家总是很干净、没有杂物,我花在清洁和整理上的时间也比以前少了。我的事业也蒸蒸日上,我的工作效率非常高,我可以由衷地说，我爱生活。我觉得自己能够掌控一切，我从未想过这些变化会发生在自己身上。多么美妙自由的感觉啊，我希望你也能够体验到这种感觉。如果你读完这本书却没什么收获，那么我希望你能明白一个简单的事实：你已经做得很棒了。我将向你展示如何在不做出任何个性上的妥协和改变的前提下，打造一个有条理的家。

如果你正为了生活而挣扎，总是淹没在杂物之中，又或者你觉得自己缺乏基本的整理技能，我希望你能让自己休息一下再开始。那些说你不会整理的负面说法都不是真的，到现在为止，你失败的真正原因是，你总是在尝试那些针对别人的个性而设计出的解决方案。阿尔伯特·爱因斯坦曾说过："如果以爬树能力来评判一条鱼，这条鱼将一辈子觉得自己是笨蛋。"朋友，你就是这条鱼，而传统整理术就是那棵树。其实，你还有许多种选择。

当你读完本书时，你的家看起来也不会像我的家。我希望你的家也不会像其他人的家。你的生活空间将是由你设计出的独特作品，满足你和家人的共同需求，而且，它是按照你和家人的独特风格来进行整理的。

所以，我渴求完美的朋友呀，让我们即刻开始，去探索你独一无二的整理风格，弄清楚该如何运用你与生俱来的风格，打造出你梦寐以求的生活吧。在我们正式开始之前，请跟着我念一遍："我是一个勤奋、高效、有条理的人。"接下来，让我来告诉你这句话是多么正确，即使你现在还不信。

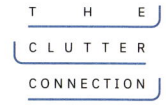

目 录

前　言　　从懒人到整理专家

第 1 章
为什么有的人生乱七八糟　　　001

第 2 章
你属于哪种昆虫整理人格　　　013

第 3 章
蝴蝶人：视觉丰富、分类简单　　　029

第 4 章
与蝴蝶人共处：担任简化后援队　　　051

让你摆脱混乱的
人生整理术

第 5 章
蜜蜂人：视觉丰富、分类精细　065

第 6 章
与蜜蜂人共处：帮他们列优先事项清单　091

第 7 章
瓢虫人：视觉简洁、分类简单　105

第 8 章
与瓢虫人共处：设置"无家可归杂物篮"　129

第 9 章
蟋蟀人：视觉简洁、分类精细　147

第 10 章
与蟋蟀人共处：为他们留出专属空间　169

第 11 章
轻松实现人生的升级　185

致　谢　201

第 1 章

为什么有的人生乱七八糟

第 1 章
为什么有的人生乱七八糟

我作为整理专家的困局

我永远不会忘记发现自己其实并不是什么整理天才的那一天。在与混乱的生活状态斗争多年之后，我终于偶然发现了一种能让自己真正应用并长期坚持的整理方法。我不再从电视节目和网上的各种文章中极力模仿那些详细、微观的传统解决方法。我曾长期为自己不会使用这些复杂的方法而感到内疚和羞耻，但我意识到，自己的大脑根本就不是那样工作的呀！我患有典型的 ADHD，缺乏耐心和自律能力，比如没有耐心打开一个盖子或把东西放进正确的隔层。一旦我用完某样东西，我的注意力就已经转移到下一件事上了，我总是最后才会考虑把东西放好这件事。因此，我需要简单的整理术，不需要多做思考，更不需要努力去保持。我这个患有 ADHD 的女孩需要快速、简单的整理术。

就这样，我高兴地捐出了几十个多层整理箱。虽然这些整理箱互相搭配得相当完美，但我却从来没有用过它们。我甚至将自己网购的一套超贵的文件归档系统也捐了出去。在这些东西原来的位置上，我放置了一些漂亮的无盖篮，上面贴有简单的标签。这样，我就可以把用完的东西直接扔回原处。我确信自己发现了整理的终极奥秘——不一味注重条理反而使我更有条理。这虽然听起来很疯狂，却改变了我对整齐空间的刻板印象，也确实让我变成更有条理的人。

正是在这种全新的视角下，我开始确信自己是某类超级整理天才。我开始给任何愿意倾听的人分享自己新的发现。我满怀热忱地宣扬这样一个观点：大多数整理术过于复杂，所以，对于普通人来说，即便这些整理术的理论非常棒，他们也很难或者不愿长期坚持下去。尽管在现实生活中，我们在杂志上、电视上或商店里看到的每一种整理术，都是为非常注重细节的人打造的，但我依然发自肺腑地认为，大多数人和我是同一类人。

事实上，对我的丈夫来说，他使用细致的传统整理术可谓得心应手，他认为我的简化新方法尚不成熟。但我认为，那是他的完美主义在作祟，所以，我想都没想就驳回了他的意见。当然，那只是少数反对意见罢了。当我把新开发的"懒人方法"与自己不拘小节的朋友和家人分享时，我感到超级兴奋，因为他们也表示自己有同样的感受，而且，这一简单方法对他们也很有效。我深深沉浸在自己看待混乱问题的新视角和新见解中：大多数传统整理术只是针对少数人的性格类型而打造的！

我多年与混乱做斗争的经历终于有了意义。说实话，我认为自己真的明白了如何摆脱混乱。我确信全世界的人都在试图强迫自己遵循同一种整理风格，但事实上，整理的方式根本就不止一种。我在"十元店"购置了大量的容器和标签，创办了整理业务，热切地想用自己

第 1 章
为什么有的人生乱七八糟

的新发现和智慧来造福世界。令人高兴的是，我"少即是多"的整理术取得了巨大的成功……但这只持续了一小段时间。

时间快进到一年后，我站在一位客户的家庭办公室里，她不好意思地向我解释道，我为她设计的文件整理系统"没有效果"。我强忍泪水，也忍住了想要揍她一顿的冲动，因为这已经是我在几周之内第三次重新为她设计空间了。我有没有说过，我的重新设计都是免费的？没错，出于对自创的整理术的足够自信，我曾向所有客户宣称，如果不能让他们百分之百满意，我会免费帮他们重新设计，直到他们满意为止。但现在，我非常后悔给出这一承诺。

第三次造访客户时，我认为这位客户只是纯粹懒而已。我为她堆积如山的文件设计了第一套系统。这是一套简单的置物篮系统，类似于我家里用的那套，一个置物篮放账单，一个置物篮放收据，一个置物篮放现有的客户资料……不需要诸如"电力"和"燃气"这类额外的琐细分类，只需将一堆大致整理过的综合性"账单"放在一个漂亮的置物篮里就行。但她对我与众不同的简单整理术反应不怎么热烈。

在打量完几排贴有"家用""说明书""税费单"等简单分类标签的置物篮后，她吓得倒抽一口冷气，然后说："像这样整理，根本一点儿用也没有嘛。"她说这会让自己压根儿找不到要找的东西，甚至比她当初堆积如山的文件还要乱。但我向她保证，这套系统对之前的所有客户都适用，她只要"习惯"了就好。一周后，她告知我自己永远也不会习惯，因此，她需要一套更精细的分类系统。她渴望秩序和完美。我感到十分震惊。追求秩序和完美并不是我的风格。显然，不

让你摆脱混乱的
人生整理术

是人人都适合我这套简单的整理术。

于是，我改用档案柜来帮她重新设计整理。这一次，我为她打造了一套传统的档案系统，为数百个分类细项进行了颜色编码，并为她囤积的文件贴上可爱的小标签。我整理了好几天，终于创造出一套秩序井然的文件归档系统，在传统意义上来说，它很完美。我甚至还为她的文件打印了一份目录和一份快速查找指南。虽然我认为这样太夸张，但她却很兴奋。她是个彻头彻尾的完美主义者，而我则为她的文件资料创建了一份"完美"的整理系统。

离开她家时，我无奈接受了这样一个事实：有些人确实喜爱传统整理术。因此，对同一空间的整理就必定存在两种不同的分类方式：分类简单（organizational simplicity）和分类精细（organizational abundance）。至于采取哪一种方式，这就要完全视个人的性格而定。"A型"人格好胜心强、有条不紊、雄心勃勃、完美主义，需要传统的分类精细的整理术，而"B型"人格，比如我本人则需要更轻松、易上手的分类简单的整理术。

一周后，我再次来到她的办公室，继续为她设计，因为用她的话来说，她无法用新的整理系统"放好任何东西"。她从档案柜里拿出几十个文件夹，把它们平铺在桌子、沙发甚至地板等平面上。她扫视完自己乱糟糟的办公室后，尴尬地红着脸低声道："对我来说，这样才是最好的，我需要看到我的文件。我受不了把它们放在档案柜里，那样我会忘记我有这些东西。我大概天生就是一个没条理的人吧。也许我太懒了，永远不能做事井井有条。"

第 1 章
为什么有的人生乱七八糟

这时我才突然意识到,她并非懒惰、没条理。站在我面前的这位优秀女性,不管从哪方面来看都与懒惰毫不沾边。她有法律硕士学位,还开了自己的律师事务所。她在空闲时喜欢做饭、缝纫和画画。懒惰和没条理并不是她的办公室被文件所淹没的原因。其实,她本身并不混乱,她只是在整理方式上和别人有所不同而已。

我应该早一点注意到这一差别的,因为我以前和混乱做斗争的时候,也曾认为自己天生没条理。我耗费了生命的前二十八年,让自己去相信这样一个谎言:我就是不擅长清洁和整理。事实上,我认为自己懒惰且低效的观念已经根深蒂固,我总是在开始新任务之前就认为自己会失败。尽管我愿意改变,并多次尝试,但我从未真正相信会有所改善,因为我过去已经失败过太多次了。

我在家里放了一个传统的文件柜,但我似乎找不到将文件放回其所属类别的动力。我总是无法将拿回家的信件放入丈夫精心设置的分类系统。我用塑料盒来收纳浴室柜里的东西,还仔细地把医疗用品分为镇痛药、抗过敏药、胃药和绷带等小类别。但事实上,无论我有多想,我都做不到在用完东西后,花时间把它们放回正确的盒子中。我只是随意地把它们搁在盒子的旁边或者上面,这样做的结果便是,浴室柜里很快就变乱了。

直到我不再试图遵守传统整理术的精细分类,我才终于停止了无休止地重新整理我家的疯狂行为。我不再纠结于那些自己无法保持整洁的空间,转而关注那些自己可以保持整洁的空间。一旦确定那些空间后,我就会问自己一个简单的问题:为什么?

当我把一瓶镇痛药扔进一个贴有"药品"标签、内有其他所有药的大盒时，我就可以轻松地把它放好。干净的衣服不再被放在地板上的洗衣篮里，而是被收进了衣柜，放入贴有"裤子"和"睡衣"标签的开放式置物篮。玩具、化妆品、办公用品，甚至是食物，都可以从房间四散的角落被收到相应的置物篮里，这让收拾变得异常快速和容易。对我来说，我整理成功的秘诀就是这套分类简单、整理方式较随意的系统。当我把这套简单的系统应用到家里的每个衣柜、抽屉和其他储物区后，我不再为混乱和杂物问题而困扰了。就像有魔法一样，所有东西都各归其位。但在我脑海中，说我特别没条理的那个声音并没有消失，我依然在和它作斗争。毕竟，我不是按照传统方式来整理和打扫家的，但我的方式确实让家变得干净整洁了。

当我遇到那个有严重"文件分类癖"、优秀却饱受整理问题困扰的律师客户时，我还是试图把她塞进隐藏式整理的传统框框里。我们得承认，大多数整理术不仅分类精细，而且通常会把你的东西"收起来"，让你"眼不见为净"。我甚至从未考虑过用其他方法来整理。就在那一刻，当我盯着她那放得到处都是的混乱文件时，我问自己，为什么对她的大脑来说，这些文件被摊在地上反而比被存放在文件柜里更有用？答案是：她是视觉丰富派。

我不再把她的文件放进文件柜，而是在她办公室装了一整面墙的顶天立地书架。这些具有杂志架风的书架，可以放置她分类好、用颜色编码过的文件夹。这样，文件夹就不会在她的办公桌和地板上摊得到处都是，而是一目了然地排列在书架上。此外，我们还在她的办公桌上放置了布告栏和备忘栏，用来张贴重要提醒和励志名言。

第 1 章
为什么有的人生乱七八糟

我又用一块洞洞板把她日常使用的办公用品都挂了起来。终于大功告成。

最后,她办公室的每寸墙壁上几乎挂满了东西,包括艺术作品、励志名言等和视觉整理方案相关的东西。说实话,这绝对不是我理想中的整理方式。事实上,我身处这一空间的时候会感到焦虑和不知所措。但话又说回来,这里不是我的地方,而是独属于她的空间。她身处其间并没有感到焦虑和不知所措,这一明亮而丰富的办公室,反而能让她更加专注、灵感涌现、活力满满。看来,我们俩的整理人格截然不同。

我们退掉了文件柜,处理了她办公室里所有的隐藏式整理系统,改用开放式书架。她已经完全接受了自己的视觉丰富派风格,还笑容满面地告诉我,她计划将厨房里的吊柜换成开放式置物架。她终于真正认识了自己,并意识到自己根本就不是一个没条理的人。她是视觉丰富派,需要依视觉丰富派的特点进行相应的整理。她如释重负。看到她能以一种全新的眼光看待自己和自己的家,我感慨万千。

我也从她身上得到了启发。这灵光乍现的一刻改变了我作为一位专业整理师的职业生涯。我意识到,整理工作并不能都套用一个模板。对一个人有用的东西不一定会对其他人有用。整理术应和个体及其家庭一样独特。每个空间都必须根据个体独特的整理风格进行设计,这样才能保持干净整洁。正是这种全新的整理理念改变了我整理自己家和客户家的方式,并最终帮助全世界成千上万的人变得永远有条理。

昆虫整理人格系统的诞生

随着我的专业整理业务的发展，我开始帮助来自世界各地的众多家庭，并得以在许多客户的家里看到了各种各样的整理风格。于是，我下定决心对这些不同的整理风格进行研究、识别和归类。经过多年的实践，我现在只要一踏入客户的地盘，甚至只需花几分钟和他们谈谈有关混乱的问题，便可以立即知道他们的整理风格。我虽然是擅长多种整理风格的专家，甚至还根据多样化的整理风格归纳出四种截然不同的人格类型，但我仍然难以用简单易懂的方式来阐述这些类型。

一开始，我设计了一个线上测试来帮助人们辨识自己的整理风格，但测试结果并不总是准确。我就是找不到一种方法，把我脑子里靠本能就知道的东西简单明了地表达出来。直到有一次，我在接受本地一家广播电台采访时灵光乍现。其实，所有的视觉整理风格也可以简单分为两类：视觉丰富（visual abundance）和视觉简洁（visual simplicity）。

每当我被问及不同的整理风格时，我很难找到词语来描述一个热衷于视觉丰富整理方案的人。有很多人想让自己的东西在眼前一目了然，但我对于如何正面描述这一习惯却一筹莫展。与视觉简洁派身处令人眼花缭乱的空间会感到焦虑一样，视觉丰富派对传统的视觉简洁的空间同样会感到焦虑。以往，我对这些差异的解释，通常都是长篇大论，但在这次采访中，我突然灵光乍现，简洁的对立面就是丰富啊！大约有一半的人，他们渴望自己的家能够呈现出丰富的视觉效果，我终于找到简单又正面的方式来描述这一偏好了！

第 1 章
为什么有的人生乱七八糟

因此，丰富成了入选词。我也曾用极简（minimal）这个词来描述那些偏爱把东西整理到视野之外的人格类型。但这个词的问题是，它会与现在的极简主义运动混淆，虽然有一半的人渴望将家里的视觉干扰降到最低，但事实上，他们并不是极简主义者。于是，我选用简洁这个词来代替。总的来说，整理风格有追求视觉简洁和追求视觉丰富两种。结合前文两种不同的物品分类方式——分类精细和分类简单，现在，我已经知道了四个维度的整理风格，我给每一种风格对应的整理人格类型都拟了一个贴切的昆虫名字。于是，昆虫整理人格系统正式诞生了（图 1-1）。

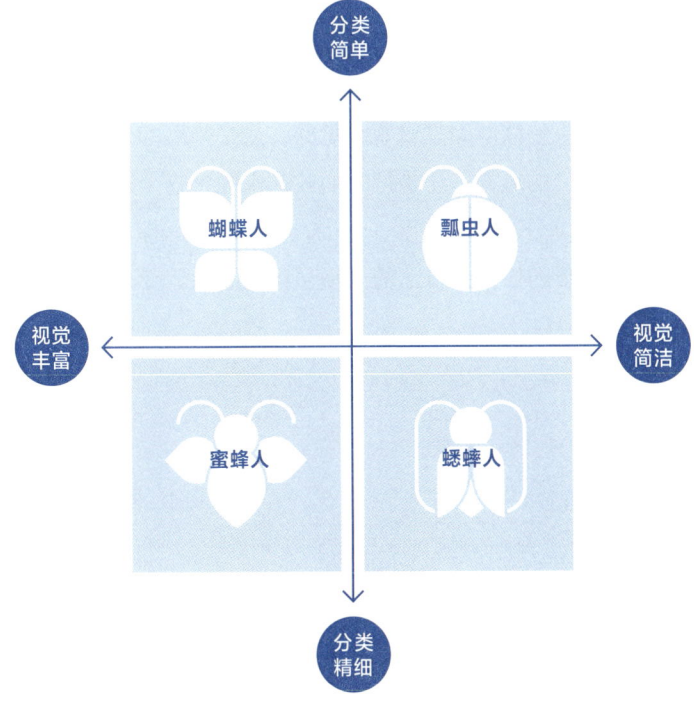

图 1-1 昆虫整理人格系统

根据图 1-1，四种昆虫整理人格分类如下：

- 蝴蝶人：追求视觉丰富和分类简单
- 蜜蜂人：追求视觉丰富和分类精细
- 瓢虫人：追求视觉简洁与分类简单
- 蟋蟀人：追求视觉简洁与分类精细

就是这么简单：基于人们展示和分类自己物品的方式，可以把人分为四类。其实只要用心观察，你就可以轻松确定自己的整理风格。在你的家里或者办公室里，是否有一些经常能保持整洁的空间？也许是客厅的一个书桌抽屉或书架，也许是一个文件柜或一张计划表。请问问自己，这一整洁空间是直观可见的，还是隐藏起来的呢？你爱把东西放在看得见的地方，还是把它们收起来呢？这个空间使用的是精细分类还是简单分类呢？在下一章中，我们将深入探讨这四种不同的整理人格，并帮助你找到自己的风格，在这之后，你将能用一种前所未有的方式了解自己。

第 2 章

你属于哪种昆虫整理人格

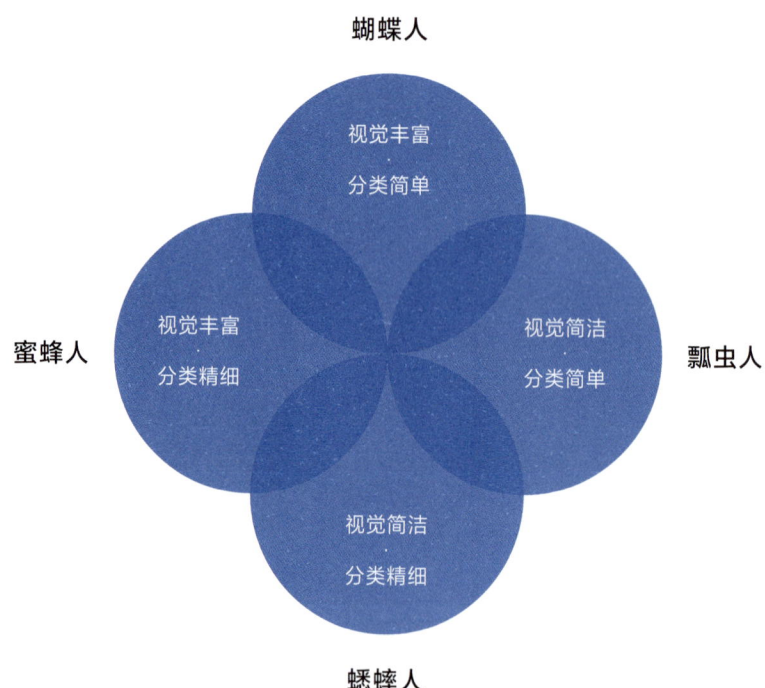

第 2 章
你属于哪种昆虫整理人格

昆虫整理人格的科学根据

在直接进行整理人格测试前,我想先和你分享一下昆虫整理人格背后的科学根据,以及我是如何总结出这些科学根据的。

多年以来,我一直在观察我的家人、朋友和客户,试图通过他们,探寻不同整理类型与整理者的人格特质、特殊成长经历甚至家族史的联系。我想进一步了解:为什么有些人是视觉丰富派,有些人不是?为什么有些人每天都能很轻松地将东西分类整理好,有些人却只会任其堆积如山?我确信存在一种简单的整理系统,能将有关整理的整套概念囊括进去,打个完美的蝴蝶结。但无奈的是,我越是深入研究人与人之间产生不同整理类型的根本原因,就越难得到一个简单的答案。事实证明,人类和他们的心理特征都很复杂。

在我所定义的四种昆虫整理人格中,虽然属于同种人格的整理者有诸多共性,但这些共性肯定不适用于这一类别中的所有人。所以,如果此时你已经在想"我明明是蟋蟀人,但看我家的整理风格,我反而更像是瓢虫人",也大可不必担心。昆虫整理人格系统涵盖的范围很广。在这一系统坎坷的发展历程中，我原想将很多人格特质完美地归为特定的整理人格类型，却发现这在现实生活中行不通。尽管我的大脑不擅长分析，但我还是想创建一套测试系统，为测试者提供具体而又无可争辩的实例和数据，以供他们分析。然而，虽然有上万人用实际结果验证了，确实存在四种类型的昆虫整理人格，但要从这四种类型中，归纳出它们在整理共同点以外的、基于人格的相似性清单，依然很难。因此，我们在深入研究的过程中必须明白一点，每种昆虫整理人格必须有一份与之对应的、清晰明了的人格清单，否则，测试者很难得到百分之百准确的测试结果，这点需要提前提醒大家。

整理风格与学习风格有关系吗

这是我纠结的第一个问题，怎么样，是不是很有意义？最开始，我确信不同的整理风格和不同的学习风格之间存在联系。在研发昆虫整理人格的基础理论时，我参考了心理学家在 20 世纪 20 年代开发的一种学习风格模型。根据许多心理学和教育学专家的研究，大多数学习者会运用以下三种学习方式中的一种。这三种学习方式为：视觉型（visual）、听觉型（auditory）以及动觉型（kinesthetic）。专家们将这三种学习方式的英文首字母组合在一起，统称为 VAK 学习风格模型。

- **视觉型**：当信息以图片、图表和示意图的形式呈现时，视觉型学习者可以更好地吸收和记忆信息。
- **听觉型**：听觉型学习者更喜欢聆听信息，并且在讲座、小组讨论或辅导课中学习的效果最好。把声音录制成磁带，

第 2 章
你属于哪种昆虫整理人格

并在其学习时进行回放，效果也很好。

- **动觉型**：动觉型学习者更喜欢亲身体验，喜欢动手操作，对能触摸或感觉到的物体可给出良好的反馈。换言之，相比让别人教，他们更爱"自己去弄清楚"。

在用VAK学习风格模型创建的早期昆虫整理人格测试中，我推测，视觉型学习者也会是视觉丰富派，因为在视觉型学习者处理新信息时，让他们看图片、图表和示意图，学习效果最好。同理，对于听觉型学习者来说，相比阅读书面说明，他们听别人说时的学习效果最好，所以，他们应该偏爱更简洁的生活空间。这听起来似乎很有道理，许多视觉丰富派的确属于视觉型学习者，而且，我生活中的许多听觉型学习者也确实追求视觉简洁性。但事实上，这些猜想很可能是一种误导。

事实上，在我设想的初版"精彩理论"中，自打嘴巴的最大反例就是我自己。虽然我追求视觉简洁性，但我却是一个百分之百的视觉型学习者。虽然我非常希望自己的整理理论能与学习风格有所联系，且二者也必定有明显的相关性，但很显然不是每次都能准确无误。

一想到视觉丰富派，我脑海中浮现的便是那种热爱鲜艳色彩和华丽家居装饰的人。而想到追求简洁的人，我脑海中浮现的则是那种喜欢简单柔和的色彩方案的人。因此，在研发昆虫整理人格系统的早期阶段，我也曾傻傻地认为，一个人的整理风格和其所具有的创意倾向存在某种联系。

我们很容易就会认为，那些追求视觉丰富性的人肯定比追求视觉简洁性的人更有创造力和艺术感。虽然在很多情况下这种猜想都能成立，但它肯定不适用于所有情形。"那些追求视觉简洁性的人，不像视觉丰富派那样有创造力和艺术感"这一假设并不成立。就以我自己为例，在家里，我追求视觉简洁性，但我爱好手工和创造，我认为自己是一个非常有艺术感的人。同时，我也认识很多视觉丰富派，他们没有一点创造力。

我们的整理风格究竟是与生俱来，还是后天养成的？这也是我需要考虑的一个问题。我们整理和打理住所的方式大相径庭，先天或后天的因素是否在其中起了作用？我们大脑的运作方式是生来就属于某种整理类型，还是在父母的整理风格影响下，后天养成的习惯？

我发现人们的整理风格和先天、后天的因素都有关系。我服务过的有囤积习惯的人，大多来自有囤积习惯的家庭。有人可能认为，这实际上说明了整理是一种经学习而养成的后天行为。但是，如果我们对物品产生的情感依恋程度具有遗传性呢？我们又该如何解释，为什么那么多来自整洁、有条理的家庭的孩子，长大后却为了维持整洁、有条理的生活而苦苦挣扎？可以将其简单地归咎于他们父母糟糕的养育方式吗？如果是这样，那为什么来自同一个家庭、被父母以同样的方式抚养长大的孩子，长大后常常会形成不同的整理风格？这些想法只能促使我又回到先前的推论，即一个人的整理风格一定与他先天的人格类型直接相关。

我又有一个猜想：逻辑分析型大脑偏爱分类精细的整理术。这个猜想是我长期同客户交流所得来的经验。我想死死抓住这最后的人格

第 2 章
你属于哪种昆虫整理人格

特质理论，但是，我遇到了一些分析型思维者。他们只能适应分类简单的整理术，无法坚持使用分类精细的整理术。也许，我在本书中的实验或错误会吸引某位研究者的注意，并让其针对我的理论展开进一步的研究和合作。但在那之前，我只能发表以下拙见。

合乎逻辑的推论

我们不能仅凭一个人的人格来判断他的整理类型。虽然每个类别中的大多数人肯定都有某些共同特征，但只凭这些来判断，结果并不总是百分之百准确。

那么，我们该如何确认一个人的整理类型呢？确认自己所属整理类型的最好方法是，看看整理系统中的哪些方法对自己有效。你能否在工作中将文件整理得井井有条？当钥匙挂在钩子上时，你是否总能找到它？你是喜欢用手机，还是用挂在墙上的日历来记录约会日期？事实上，答案每天都在你眼前，当然它也可能藏在抽屉里。你只需环顾四周，就能以全新的眼光看待自己。

请记住：每个人的整理风格都不同。一个方法对某些人有效，并不意味着它对所有人都有效。虽然原因有待商榷，但我已经掌握了如何去做的方法。我收到了来自客户和在线社区的感谢信，他们因找到自己的昆虫整理人格类型，改变了他们的生活和家庭。我已经看到，明确自我整理风格不仅会对你的空间，还会对你的自尊和自我价值产生直接的影响。你不是一团糟的人，是每个人的整理风格不同罢了。

> 让你摆脱混乱的
> 人生整理术

每天，我都会收到数百封电子邮件。在昆虫整理人格理论的帮助下，发件人已经感受和印证了认识自我的直接影响。现在，我也会这样来帮你。接下来，请找到你独特的整理风格，发挥出你的优势，提高你的工作效率，过上更幸福的生活吧！

让我们开始整理吧！

请跟我重复一遍："我是一个勤奋、高效、有条理的人。"

没错，就是这样！再说一遍！

"我是一个勤奋、高效、有条理的人。"

现在，请放下那些关于你家看起来应该是什么样的传统看法，不要去想你应该如何整理和精心安排你的生活。让我们停下脚步，不再从他人身上寻求灵感，跳出传统，从自身寻求答案。每多体验一点儿自我意识，我们就会多成长一些。这就是本书的核心思想：只有更好地认识自己，才能获得足够的自信，从而游刃有余地管理好家庭、工作乃至生活。

找到自己的整理风格就能一夜之间改变人生吗？当然没有这么简单啦。接下来你要做的是：给自己一些必要的宽限期。不要觉得自己混乱、懒惰、效率低，不要让这些谎言一直压着你，在你的生活中制造障碍。认识自己意味着开始欣赏自己，以及欣赏自己所拥有的一切。当然，要做到这些很难。这需要你放下手机，关掉电视，做出改

第 2 章
你属于哪种昆虫整理人格

变。别再为自己找借口,也别再自怨自艾。这段旅程将会充满挑战,但你一定不虚此行。

多年以来,我一直渴望成为一个更细致、有条理的人。我幻想着某一天,自己能把电脑文件整理得系统有序。我想抽出时间,重新设计文件归档逻辑,将文件按名称和日期分门别类保存,以便查找。但事与愿违,在现实生活中,我的电脑桌面满是乱七八糟的文件,这导致我看不清电脑壁纸。我的电脑桌面上只有一个文件夹,名为"杂七杂八",当桌面变得太满时,我就把所有无明确文件名和没标日期的文件都拖进去。在这种情况下,我是怎样找到重要文件的呢?我会直接搜索,寄希望于我还能记得当初保存时的文件名。

那么,对我来说,一套更细致的文件归档系统其实没什么用。过去,我曾建立过许多不同的归档系统,但最终,文件都被扔进了"杂七杂八"文件夹。我确实想把电脑文件整理得系统有序,但事实上,花时间保存和归档文件不是我的风格。我本希望自己能做到,我试着去改变,但最终没有坚持下来。相反,我需要为"照片""营销""博文""视频"等文件创建简单的桌面文件夹,我可以将它们拖来拖去,并备份到服务器,以防我不小心删除重要的东西。尽管我喜欢细致的整理风格,想成为一个做事井井有条的人,但我也需要简便快捷的解决方案来满足日常需要。那么,我应该为此难过自责吗?当然不需要啦。生命太短暂了,不能为没整理好文件哭泣。对我来说,方案实用才是最重要的。

是时候丢掉那些"事情应该怎么样"或"我应该如何做"的成见了。把这些都丢掉吧,是时候开始进行昆虫整理人格测试了。但请先

让你摆脱混乱的人生整理术

看看以下声明:

保持真实!抛开你对自我的幻想。我们不需要那个虚假的自己来答题。从虚假的自我那里,你了解不到任何有建设性或有用的东西。你只会选择诸如自己"渴望变成什么样"或"应该成为什么样"这类问题的答案,而不管此刻你是谁,以及你所处的位置。也许,你有一个想法:拥有按款式、季节和颜色陈列衣服的完美衣柜。也许,你会告诉自己,当你有了更多时间、空间和金钱后,你迟早有一天会做到这一点。但是,如果此时你的衣服在地板上乱作一堆,那么,拥有一个整齐的衣柜就纯粹是你的幻想,因为现实生活中的你没有做到。有时候,我们对自己的期望是如此荒谬而不切实际,以至于它们根本无法实现。一个无法实现的目标,只会让我们讨厌自己,并成为我们永不开始改变的借口。

是时候基于真实的自我设计我们的家、规划我们的生活了,但前提是你必须诚实地面对自己。我会举起一面镜子,帮你认清自己,我还会教你如何利用内在优势克服弱点。你往常所看的自我成长类书籍,是想帮你成为更好、更闪亮的自己。而本书想告诉你:现在的你已经相当了不起了,所以请诚实地做测试,迈出这一步,做你注定要成为的整理达人。

最后一点:进行测试时,要意识到家里的整理风格其实是家里所有人偏好的综合体现,包括你的配偶和孩子。回答下列问题时,请主要考虑由你维护的空间,这可以帮你更好地了解自己所属的昆虫整理人格类型。现在,让我们开始吧!

第 2 章
你属于哪种昆虫整理人格

你独特的
整理风格是什么？

你喜欢阅读：

1. 有大量图片的读物。
2. 非虚构类读物。
3. 小说类读物。
4. 新闻或指南类读物。

你觉得自己在整理上的最大问题是：

1. 家里到处都是东西。
2. 不会收纳文件和重要物品。
3. 柜子、壁橱、抽屉和空房间里都比较乱。
4. 囤积了太多将来可能会用的东西。

你家平时看起来：

1. 比较乱，摆放着平时用的和喜爱的东西。
2. 整洁，偶尔有堆积的文件或还没来得及处理的东西。
3. 非常整洁，但壁橱和抽屉里可能很乱。
4. 有点乱，某些地方放着正在用的东西。

让你摆脱混乱的
人生整理术

你发现下列很难丢掉的是：

1. 漂亮的东西。
2. 贵的或仍然好用的东西。
3. 有感情的东西。
4. 日用品、工具和其他还有用的东西。

你个人的卧室平时看起来：

1. 比较乱，摆满了最爱的和常用的东西。
2. 相对整洁，但有时会有一些需要处理的杂物。
3. 比较整洁，但柜子、壁橱、抽屉和看不见的地方很乱。
4. 有点儿乱，有些地方摆着忘记收拾的日用品。

说到打扫家，你一般：

1. 会先花时间整理，然后再打扫。
2. 会保持家里是干净整洁的。
3. 喜欢收拾家，因此家里相当干净。
4. 想有个真正干净的家，但家里总有堆积的杂物。

你理想中的工作室是：

1. 明亮多彩，日用品都装在漂亮的容器里，摆在置物架上。
2. 所有东西都被分类装在独立的容器中，放在柜子里。
3. 除了一些漂亮的装饰品外，其他东西都放到看不见的地方。
4. 所有的工具都挂在洞洞板上，方便使用。

第 2 章
你属于哪种昆虫整理人格

你理想中的家居环境是：

1. 明亮有趣，视觉丰富。
2. 功能实用，视觉简洁。
3. 漂亮诱人，视觉简洁。
4. 实用、有条理，视觉丰富。

最适合你的整理系统是：

1. 简单易上手的开放系统，有挂钩、置物架上的无盖置物篮等。
2. 分类精细的隐藏式整理系统，有文件柜、多隔整理箱等。
3. 易操作的隐藏式整理系统，有柜子里的置物篮、抽屉分隔器等。
4. 细心规划的开放系统，有洞洞板、透明抽屉等。

你在整理工作中最大的挑战是：

1. 不喜欢把东西藏在看不见的地方，怕自己会忘记。
2. 总是还没有安排好时间整理一些地方。
3. 容易忽视家里的隐蔽区域，比如储藏室。
4. 不喜欢把东西放回原处，因为之后还要再拿出来。

如果有朋友打电话说，他将在十分钟后过来，你会：

1. 疯狂地尽可能把杂物收起来。
2. 稍微整理一下就行。
3. 擦拭台面，藏起乱七八糟的东西，快速擦洗浴室。
4. 继续做手头的事情。

让你摆脱混乱的
人生整理术

你更喜欢将日用品：

1. 放在能轻松拿到的地方，不随意乱放。
2. 细致整理，然后收起来。
3. 摆放在视线外，但仍能轻易找出。
4. 为取用方便，整齐摆放在视野内。

你学新技能的最佳方法是：

1. 阅读图示加说明文字。
2. 阅读和研究相关内容。
3. 看他人的示范。
4. 由自己摸索。

请选择最能描述你的句子：

1. 用完东西后，很难把它们放回原位。
2. 有点儿完美主义，力求减少杂物。
3. 喜欢家里看起来一尘不染，会把东西藏在没人看到的地方。
4. 喜欢功能性强的空间，这样做事更容易。

你喜欢将自己心爱的东西：

1. 随手放在能经常看到的地方。
2. 精选并收纳起来，以便能长久保存。
3. 以赏心悦目、整齐划一的方式放在外面。
4. 根据实用性放在看得见的固定位置。

第 2 章
你属于哪种昆虫整理人格

你喜欢怎么装饰自己家:

1. 陈列着色彩鲜明的艺术品。
2. 采用极简的中性色。
3. 跟随当前的设计趋势。
4. 摆着实用且功能性强的物品。

你希望自己家是什么样的:

1. 有趣、明亮、舒适。
2. 实用、简洁。
3. 美丽、简洁。
4. 实用、功能多样。

你属于哪种昆虫整理人格？统计你的答案，看看自己选择最多的是 1、2、3 还是 4？当然，你也可能是这些整理人格的组合体！

若答案多为 1，那么，你是蝴蝶人！
若答案多为 2，那么，你是蟋蟀人！
若答案多为 3，那么，你是瓢虫人！
若答案多为 4，那么，你是蜜蜂人！

或许，你会发现，即便你是这四种整理人格的组合体，但你还是会有某一种人格特别突出。当身处家里或办公地的不同空间时，你可能会展现出不同的整理人格。其实这很常见，但我可以向你保证，只要你继续阅读本书，一定会找到最符合自己的昆虫整理人格。所以，无论你目前的测试结果如何，我都诚心建议你认真阅读完本书的每一章。

在接下来的章节中，我将详细解读每一种整理人格，并提供实用的整理方案，帮助你利用自己的优势，创建全新的日常整理术。是的，你的生活会变得井然有序。

在日常生活中，我们可能会遇到和自己整理风格迥异的人。因此，我还会向你展示与他们一起生活和工作的整理魔法。现在，请跟着我开始你的整理之旅，让自己过上高效、有条理的生活！

第 3 章

蝴蝶人：
视觉丰富、分类简单

蝴蝶人的整理诀窍

○ 使用透明塑料盒。

○ 给整理箱贴标签。

○ 进行视觉化整理。

○ 清理不常用的物品。

第 3 章
蝴蝶人：视觉丰富、分类简单

蝴蝶人的思维

蝴蝶经常从一朵花飞到另一朵花。不知道你有没有观察过这一过程？它们漫无目的地优雅飞舞，我们根本就没有任何系统性的方法研究出下一刻它们会飞到哪朵花上。蝴蝶人外向、爱玩、富有创造力。他们是典型的梦想家、大局型思考者。他们会花很多时间想出非常棒的点子，并确保自己正在做喜欢的事。蝴蝶人天生无忧无虑，不能轻易做到遵守秩序、体系和惯例。所以，他们通常很难运用传统整理术。

我们一想到整理，脑海中便会浮现出这样的画面：一些经过仔细分类，被整理在封闭的柜子、壁橱和抽屉中的物品。从学校课桌到文件柜，所有东西都是按照这套系统进行整理的，但蝴蝶人的大脑运作方式却与这套系统完全相悖。蝴蝶人很少关注小细节，他们更倾向关注大局。蝴蝶人更喜欢将东西放到自己看得到的地方，因为他们担心"看不到，会忘记"。

如果世界被设计成只能容纳一种整理类型，那些不符合这种既定风格模式的人，会很容易觉得自己有问题。相比其他三类人，蝴蝶人更有可能觉得自己的生活混乱无序。当一个孩子努力保持房间整洁时，如果我们不能让他采取适合他大脑类型的存储方案，那我们就是在强迫孩子适应当前的既定风格模式。这样做几乎没什么效果，还经常会让孩子遭受责备。请不要误会我的意思，虽然孩子们本来就乱七八糟的，但这两种情况不同。作为父母，你需要批判性地审视自己和孩子，看看哪些混乱是因孩子年龄小而造成的，哪些是因为孩子天生的整理类型与你的期望相悖而造成的。这样做，既可以帮孩子发挥出自身的优势和潜力，又能让你保持清醒。

倘若你被告知或自我暗示你天生没有条理，这种说法很快就会自我应验。对蝴蝶人来说，他们用完东西却不放回原处的终极借口是"我这人就是没有条理"。说真的，我不能责怪你有这种想法，因为你可能已经尝试整理过很多次，但最终都失败了，所以你决心放弃。光是想到要整理和清洁家，便令你招架不住、望而却步，因为你知道自己不会成功。但这是你内心的借口，你甚至可能没意识到，这其实是你在自我催眠。

要是你觉得这种场景似曾相识，这并不意味着你就没有条理，只是每个人的整理方式不同而已！从今天起，不要再假设自己会失败。现在，是时候放下这些借口，开始了解你的大脑是如何处理整理工作的。我将一路陪着你，教你如何利用自己的优势来设计一套整理方案，并最终使你的整理工作一劳永逸。

但是，如果你正坐着想："这听起来不像我呀，我明明没那么乱，

第 3 章
蝴蝶人：视觉丰富、分类简单

但测试结果却显示我是蝴蝶人。"那么，请允许我澄清一下，并不是每个蝴蝶人都会被混乱问题所困扰。实际上，许多蝴蝶人的家很整洁。重点是，一旦了解了自己的风格，你便可以找到适合自己的轻松整理方案，创造出视觉效果丰富的家。

生为蝴蝶人，绝不意味着你注定只能有一个杂乱无章的家。我的朋友克里斯蒂娜·丹尼斯（Christina Dennis）是一位特别典型的蝴蝶人，她才华横溢、充满灵感，是我最喜欢的室内设计师，她的视频网站频道和博客里有很多美丽的蝴蝶型空间的案例。她家很明亮，她采用了简单的分类方法，呈现的视觉效果却很丰富。如果你正在寻找蝴蝶人的整理灵感，那就去看看类似克里斯蒂娜的人吧。

蝴蝶人的蜕变：从混乱到整洁

身为蝴蝶人，你是视觉丰富派，喜欢将所有东西放在看得见的地方，因为你担心，它们只要一刻不在眼前，便会从你的脑海中消失。不管你有没有意识到，当你把东西"收起来"后，你确实会产生焦虑。你在潜意识里可能会认为，如果你把自己最喜欢的衬衫挂在衣柜里，你很可能忘记它的存在。大多数蝴蝶人把衣服要么堆在梳妆台上，要么散落在地板上，而他们的衣柜和抽屉里，除了那些很少穿的衣服外，几乎是空的。

我推测，这种恐惧和焦虑的根源在于，在过去的许多年里，你确实曾把自己的东西放错过或忘记过它们的存在。和大多数小孩子一样，我的孩子们在小时候也都是蝴蝶人。如果我把玩具放在壁橱里或

让你摆脱混乱的 人生整理术

高高的置物架上，孩子们就会完全忘记它们的存在。我无论何时拿出他们几天未见的东西，他们都会像在圣诞节早晨那样惊喜不已。对孩子们来说，他们看得见的玩具，就是这个世界上最特别的东西，但是，一旦玩具离开了他们的视线，他们就会完全将之抛诸脑后。

作为视觉丰富派，当你清楚地看见自己的东西时，你会与它们建立联系，而当它们离开你的视线后，你会真的忘记它们。

我将帮你打开思路。传统整理术都要求你把自己的东西收起来藏好，其实，这与你大脑的自然运作方式完全相反。也难怪传统整理术对你一点用都没有。从现在起做出改变吧！你已经知道蝴蝶人大脑运作方式的神奇之处了。相信你也已经有了为什么自己总是很难把东西收好的答案。你可以基于自己的大脑类型，设计出与之相匹配的视觉整理系统，从而建立一个维持整洁的新习惯。

但这绝不意味着每样东西都得放在你的视野之内。你不再是孩子了，即便你看不见它们，你也不会忘记你所拥有的每样东西。真正要被放在视野之内的是那些重要的、日常使用的东西。这些东西包括钥匙、账单、手机、维生素、日常药品，以及其他你经常使用且认为重要的东西。因为担心看不见东西而健忘的焦虑，会让你把所有东西都放在显眼的地方。其实别太担心，花生酱还是可以放在柜子里的，摆在外面这么多年后，你要记得提醒自己可以把它放回去了。

有时，蝴蝶人发现自己还会陷入另一个整理困境：当你用完某样东西后，你那神奇的大脑早已去关注下一件事了，它并不会停下来思

第 3 章
蝴蝶人：视觉丰富、分类简单

考如何把用完的东西放好。如果收好某样东西很难或很复杂，你不会去做。但这并不是说你没有能力去做，它只是不会成为你的优先处理事项，因此，你甚至都不会想起它。总的来说，你在整理方面患有ADHD，但这并不是一件坏事。你的大脑通常会更飞速地运转，只要你设置好正确的系统，你便可以松开紧急制动按钮，一骑绝尘地将混乱问题抛诸脑后。

蝴蝶人需要一目了然、简单快捷的整理方案。让我们来看一个有关整理药品箱的典型案例。经传统整理术整理出来的视觉效果呈堆叠式，即每个类别及每样物品都有各自专属的独立整理箱。有放镇痛药的，有放抗过敏药的，还有放感冒药的……

说实话，假如你在头痛时，从整理箱中翻出一瓶阿司匹林，你真的会在吃完药后，再花时间打开整理箱，把药瓶放回去，并重新放好整理箱吗？相信你不会这样做的。我猜，你会随手把它放在吃药时的台子上。

但你也能做到把瓶子扔回一个放着你所有药品的开放式整理盒里。当然啦，使用透明塑料盒效果会更好，这样，你就能将里面的东西看得一清二楚。这种整理方式看似没有条理，但请相信我，这种简单整理系统才是对你有用的。当然啦，你下次需要阿司匹林时，就得多翻找几秒，但这样做的好处是，你会一直清楚记得阿司匹林被放在哪里了。现在，你可能正在心里问自己："我上次吃了阿司匹林后，究竟把它放哪儿了？"对你来说，多花几秒翻找东西并不是问题，如何轻松地放好东西才重要。多花几分钟，为这个简单分类的药盒做一个大大的标签，这样能确保你的大脑准确地记得药盒里的东西，从而减轻你忘记或丢失东西的焦虑。

单身男青年鲍勃的"懒人故事"

我的第一位男客户是典型的蝴蝶人。在这个故事里，我就叫他鲍勃吧。当我第一次走进鲍勃家时，我立刻就判定他的整理风格属于蝴蝶型。他家里的东西随意摆放。他家的桌子、厨房台面甚至地板上，摆放着各式各样的东西，它们被随意摊开堆放，几乎覆盖了每一寸台面。大门左侧大厅就有一个衣柜，但是当我打开它时，里面的衣架上只挂着一件外套，搁板上放着几双鞋。我还注意到，离大门足有三米远的楼梯扶手上，至少挂着三件外套，大门旁的鞋子也堆积如山。当我问到他衣柜里的外套和鞋子时，他满脸通红，承认自己从未穿过衣柜里的东西。他不知道为什么自己很少使用衣柜，对他来说，把外套挂在楼梯扶手或椅背上似乎更轻松。

有些人可能认为鲍勃只是懒罢了。如果真是如此，他为什么不直接把外套挂在衣柜里呢？事实上，他把外套挂在楼梯扶手上，反而需要走到离门更远的地方。如果只是把它扔进衣柜，速度会更快，而且也不费力。所以，这并不是懒的问题，鲍勃需要的是视觉丰富的整理方案。

鲍勃的厨房台面上堆满了信件、账单、报纸……这堆纸都快要占据一米宽的位置。我问他为什么会这样。他坦言，自己没有注意到纸已经堆积到如此程度了。鲍勃对此已经习以为常，他有些难为情地解

第 3 章
蝴蝶人：视觉丰富、分类简单

释道，他也曾想过把这些纸搬到楼上的办公室，但他没有任何动力去做这件事。这堆纸实在是太多了，他光想想就压力很大，根本就不愿意花时间和精力去整理。我到访过许多蝴蝶人的家，他们的问题和鲍勃一模一样：要么是没有固定的位置来放日用品，要么是放置东西的理想地点不够一目了然，使用起来也不够简单方便。

因为鲍勃的办公区离大门太远，所以，当他回家后，他的办公区并不是用来放置信件的理想地点。由于没有专门用来放置信件的地方，他便把信件都堆在了厨房台面上。其实，鲍勃也曾尝试着整理自己的文件，他曾买过文件柜，甚至还买了许多不同颜色的文件夹，但都失败了。鲍勃之所以失败，问题并不在于他会不会建立一套文件整理系统，而在于他很难每天花时间去使用它。经历了多年的失败以后，他干脆放弃了尝试。他干吗还要为此耗费心力呢？

在协助蝴蝶人进行整理时，我将工作重心放在了消除客户因不愿整理而找的借口上，基于这个前提，进一步设计整理空间。办公区离大门太远？那就在大门旁边搭建一套悬挂式置物架，用于存放信件和单据。衣柜里的东西不够一目了然？那就把门拆掉，安装上挂钩，挂起外套和背包。

设计蝴蝶人的家，我们需要将"一分钟法则"转化为"五秒钟法则"。"一分钟法则"是指，如果完成某件事所花的时间不超过一分钟，那你必须马上做。对于大多数蝴蝶人来说，如果你能帮他们设计出一套家庭整理系统，让他们能在五秒钟之内就把东西放好，他们就再也没有不整理的借口了。

让你摆脱混乱的
人生整理术

至于鲍勃家的设计，我根据他家问题最突出的地方，为他设计了一整套整理系统。在他家大门旁边，我挂了一套悬挂式置物架，用来存放他收到的信件和单据，并给置物架贴上清晰的标签。此外，我还为他设计了一个钥匙挂钩，并安装了一块搁板，这样，他在进门后便可以把钱包和手机放在上面。我拆了大厅的衣柜门，为他安装了衣钩，并在衣柜底部放了几个置物篮，这样，他在进门后便可以把他的鞋子直接甩在里面。我在他最喜欢的阅读椅旁边，放了一个贴有"报纸"标签的置物篮，用来放他厨房台面上的报纸。

鲍勃的脏衣服堆积在卧室的一角，所以我在那里放了一个大洗衣篮。我拆了他马桶上方的空柜子，并安装了开放式置物架，用来放他散落在洗手盆台面上的浴室用品。我用了很多贴有标签的透明塑料盒，来配合鲍勃的视觉丰富派风格。我大体将鲍勃家的东西做了简单的分类，并确保所有日用品都有"自己的家"，以便鲍勃整理，并把它们准确放在他最常用的地方。

因为鲍勃不想拆掉卧室壁橱的门，所以我们采取了他同意的折中方式：让壁橱的门一直敞开着。此外，我还在他卧室的门后面安装了一些衣服挂钩，用来挂他"还没脏到要洗"的衣服，比如牛仔裤和毛衣。以前，这些衣服总是挂在门把手上。

最终呈现出的整理效果是让视觉丰富派满意的家，家中有大量的置物架、挂钩和透明塑料盒。我还给每样东西都贴上了标签，从而消除鲍勃潜意识中拒绝整理的借口，即如果东西不在自己的视野范围内，他就会忘记它们的存在。当一切整理工作顺利结束后，鲍勃

第 3 章
蝴蝶人：视觉丰富、分类简单

和我都喜极而泣。鲍勃在地球上生活了 43 年，他曾认为自己又懒又乱，永远都不会拥有一个整洁的家。之前，他由于对生活的家缺乏安全感，不仅影响了正常社交，还耽误了爱情。他从未结过婚，而且早就放弃了结婚的希望。"谁会想要和一个又懒又乱的人一起生活呢？"但其实，这是他多年以来欺骗自己的谎言，也是他从不走出舒适圈的借口。现在，这个借口终于消失了。

我不会告诉你，鲍勃在一夜之间变成了清洁狂人。他必须努力调整自己以前的整理习惯，而这需要付出相当的时间和努力。现在的鲍勃有一个干净、整洁、有条理的家，发生这种转变的原因在于，他有了一个不会让他失望的清洁整理系统。他现在的家是为了配合他的整理风格而设计的，不会像以前一样，与他的整理风格背道而驰。现如今，他已经丢掉了他一直在告诉自己的"懒人故事"，他还意识到，他只是一个需要简单分类的视觉丰富派。

我很希望自己能够告诉你，鲍勃已经结婚，他现在的婚姻生活很幸福，但事实是，我对此并不知情。当初，是鲍勃的母亲购买了我的整理服务，作为送给鲍勃的生日礼物，过去了这么多年，我们早已失去了联系。但时至今日，我仍然会时不时地想起鲍勃。每当我想到他时，我便会在脑海中想象：现在的他有了一段稳定的感情，身边还围绕着一群可爱的小蝴蝶人。

也许，你会和鲍勃产生共鸣；也许，你的蝴蝶型大脑在其他领域遭受困扰。重要的是，你要明白哪些整理系统对你有用，以及其他整理系统失败的原因。认识到自己是一个需要简单分类的视觉丰富派，

让你摆脱混乱的
人生整理术

将帮助你丢掉自己内心的"懒人故事",并见证自己成为一个高效、有条理的人。因此,让我们深入了解你的优势,打造一个专为你设计的家。

剖析蝴蝶人

你仍然不确定自己是不是蝴蝶人?没关系,下列是蝴蝶人共有的一些人格特质:

- 蝴蝶人很注重视觉效果,他们喜欢将所有东西放在视野范围内,害怕"看不到,会忘记"。
- 创意十足、无忧无虑、喜爱玩乐,这些是蝴蝶人的特征。
- 如果你的梳妆台上和地板上放着衣服,但衣柜和抽屉却几乎是空的,那么你很可能是蝴蝶人。
- 在生活中,相较于小细节,蝴蝶人更注重事物的全貌。
- 相较于将东西藏在抽屉里或关在门后,蝴蝶人更喜欢将它们展示出来,即便这种展示是下意识而非正式的。
- 蝴蝶人对整理这一想法常常感到不知所措,因为他们过去使用传统整理术都失败了。其实,那些方案是为喜欢隐藏自己物品的人量身定做的。
- 蝴蝶人需要简单、快速的整理方案,习惯使用透明或贴有清晰标签的整理箱。
- 蝴蝶人与物品之间建立了很深的情感联系,他们很难轻易舍弃东西。

第 3 章
蝴蝶人：视觉丰富、分类简单

蝴蝶人的优势

蝴蝶人是有创造力和强烈直觉的思想家，他们的大脑运转很快，思维很跳跃。这正是我选择蝴蝶来代表这种昆虫整理人格类型的原因。蝴蝶被最鲜艳、最美丽的花朵所吸引，天性随和、放松。同蝴蝶一样，蝴蝶人也不需要教条的程序来引导他们完成工作，他们希望带着无忧无虑的喜悦，轻轻松松地度过每一天。

当你设计居家空间时，最好能反映出现实中蝴蝶的那种轻松惬意，因为你的大脑就是这样运作的。在日常生活中，你使用的整理风格要能让你像蝴蝶一样飞舞摇曳，并且通过你的整理系统，反映出你无忧无虑、注重视觉感受的天性。

对你来说，简单分类是你最大的优势。在人人追求完美主义的世界里，这使你有能力看清事物的全貌。你的大脑会自然而然地将事物分成简单的类别，这样自然就能简化生活，让你有精力专注于其他事情，比如寻找创意。你的大脑不会关注每一个小细节，因为那样做会让你有压力。我遇到的绝大多数艺术家都属于蝴蝶人！

你可以利用自己天生的整理风格打造一个简单、美丽、视觉丰富的家，借此过程，你也可以明白自己到底是个什么样的人。

蝴蝶人的整理诀窍

下面是适合蝴蝶人的整理诀窍：

诀窍一：使用透明塑料盒。在任何地方，你都可以找到那种便宜的透明塑料盒，但我最爱去"十元店"买。对你家里那些经过简单分类的物品来说，用塑料盒最完美，放在大多数置物架上和壁橱里都很合适，是可供多种用途的好选择。当然，你需要选择尺寸，至于具体的尺寸，则要取决于你的整理空间的大小。我想建议你多买一些整理箱，在每个需要整理的空间都用上它们。你可以用它们来整理药品、浴室用品、零食、玩具、化妆品等。记得一定要拿掉盖子，蝴蝶人才没耐心用盖子呢！如果你不选用透明塑料盒，那么，最好的选择是在整理盒外侧贴上又大又美的标签。所以对你来说，最佳的解决方案是贴有标签的透明塑料盒！

诀窍二：给整理箱贴标签。对于整理箱里装的东西，你需要一个视觉上的提示。如果没有提示，你很可能会忘记整理箱里面装的是什么，更糟糕的是，你会不愿意把东西放进去。你可以用文字或图片来给你的整理箱贴标签，这样就会有直观的视觉提示，让你知道里面装的是什么。除整理箱外，我还建议你给家里的其他地方也贴上标签。在我的冰箱里贴上标签就像变魔术一样，我能立刻把东西放回原位！多年以来，每当要使用番茄酱时，我总是费很多精力四处寻找。后来，我在冰箱门内侧的置物架上简单贴了一个"酱料"标签。从此，我再也不必四处寻找番茄酱了。我的家人也开始按照标签提示，用完后就把它放回原位。标签好像一个下意识的提醒，提醒我们应该把东西放在哪里。这种魔力在你家里的每个地方都能发挥作用，甚至能在你没有意识到的情况下，敦促你的大脑把东西放好。请开始在家里的每个整理箱和置物架上都使用标签吧，这可以激励你和家人把东西放得井井有条。

第 3 章
蝴蝶人：视觉丰富、分类简单

诀窍三：进行视觉化整理。你需要看到自己的东西。对蝴蝶人来说，这也是没有办法的事。当然，我并不是说你对所有的东西都要这样——那也不太现实。但对你的日用品，还是要尽可能进行视觉化整理。对那些容易在平面堆积的日用品，可以使用挂钩、开放式置物架和公告板进行整理。看看你最乱的地方，然后问问自己："我怎样才能为这些东西设计出一套有效的视觉上丰富的整理方案？"相信你创意十足的大脑会帮助你想出完美的方案，你也可以在网络上找到大量的整理灵感。不过还请记住，对你的家和家人来说，你才是真正的整理专家。对你来说，相比照搬别人的整理方案，你自己的想法肯定会更有效。

诀窍四：清除不常用的物品。相比其他类型的昆虫整理人格，蝴蝶人往往更容易受到混乱问题的困扰。根据我的经验，混乱可分为两类。第一类，没有把东西收好。这种混乱主要表现为随意乱放东西，在地板上胡乱堆积。第二类，一开始就有太多东西。即使把你的东西放在适当的地方，但如果东西太多，仍然有混乱问题。

与其他昆虫人相比，蝴蝶人更容易受杂物困扰的原因有两个。首先，由于害怕忘记东西的存在，蝴蝶人通常不愿意把东西收好，所以他们容易把杂物弄得到处都是。其次，与那些偏爱视觉简洁的人相比，偏爱视觉丰富的蝴蝶人对自己的东西有更多的情感依赖。尽管一些东西本身并没有多少情感意义或金钱价值，但蝴蝶人能看到附着在这些东西上的记忆和价值。正因为有这种情感上的依恋关系，才使得清理杂物变得非常困难，而且还会引起蝴蝶人的极度焦虑。如果一个蝴蝶人多年以来一直往回拿新东西，却从来没有丢弃过旧东西，那

043

么，在他还未意识到之前，杂物就已经占据了他的家。我接触过的囤积者大多是蝴蝶人。

身为蝴蝶人，并不意味着你要永远与混乱问题斗争！你同样可以拥有一个极有条理的家，你需要的只是练习而已。在刚开始的时候，清理杂物会引起焦虑，但是，只要你每次都能强迫自己克服这些不舒服的感觉，那么在下次整理时就会更容易。

下面一些方法能帮助蝴蝶人减轻清理杂物时所产生的压力感。

方法一：**让朋友或家人来协助你实行整理计划**。有些东西，你可能在内心挣扎着不想丢掉，他们可以监督你并为你提供帮助。

方法二：**准备四个贴有标签或用颜色编码的置物篮、袋子或整理盒**。一个用来装垃圾，一个用来装捐赠物，一个用来装不是自己的东西，一个用来装要留的东西。这样做有助于你保持专注，而且，可视化标签能使你的清理工作变得更容易。

方法三：**对自己想要的空间有清晰的愿景**。先拍一张整理前的照片，记录下乱糟糟的样子。然后在杂志或网络上找一张你希望整理后达到的空间效果图。把这两张照片挂在房间里显眼的地方，相信你整理的动力会越来越足。

方法四：**每月丢二十一件东西**。拿个袋子，迅速在四周翻找，以最快的速度找出二十一件物品并将其丢掉。二十一这个数既大到可以激励你，又不会大到让你在短短几分钟内无法完成。翻找出旧衣服、过期药品、从未用过的炊具……相信我，找出二十一件东西要比你想象中容易得多！

方法五：安排整理时间。 在每天的同一时间段设置手机提醒，花十分钟时间快速整理一下。利用这段时间把东西放回原位，为那些"流浪的杂物"找个家。这不仅会改进你的空间，还会帮你将清除杂物和整理空间变成一种日常习惯。

方法六：要牢记，东西只是东西而已。 与之相比，你和家人的幸福感要重要得多。不要让自己因丢弃杂物而产生的焦虑，妨碍了真正重要的东西。将决定要捐赠给他人的东西用一个袋子装好。经常这样做，你会发现自己在家中拥有了更多时间、空间和快乐。相信自己，你值得拥有一个没有杂物的家！

从混乱到整洁的华丽转变

只需要简单培养一些新习惯，就能对你的家和生活产生深远影响。你大脑的运作方式与传统整理术完全相反，这意味着，你从来没有真正学会如何用适合自己的方式来进行整理。你过去的挣扎和失败让你误以为自己是个邋遢的人，而正是这种错误的信念，让你养成了堆积杂物的坏习惯。在不知不觉中，你已经习惯杂乱无章了。你在用完东西后，可能并不会每次都把它们收好；你经常一进门就把东西随手乱丢；你可能都放弃了清除杂物和整理东西的想法。但我不会责怪你的。人大概只有疯了才会重复做同一件事，还期待会有不

让你摆脱混乱的
人生整理术

同的结果。长期以来，因为你知道自己每天晚上回家后，都不会把大衣挂在衣柜里，所以，你的大脑甚至试都不让你试一下。你如果继续使用和自己的整理类型背道而驰的传统整理系统，那就真的是疯了。

与过去的你相比，现在的你对自己的整理天性有了一定的认识和理解。你可以综合运用挂钩、置物架和重视视觉丰富性的简单分类系统，设计一个适合自己蝴蝶型大脑的家，相信设计成果不会让你失望。要养成使用这套整理系统的习惯，你需要大量练习。你要提醒自己，当你做完三明治后，要记得把花生酱放回食品柜里。你需要在卧室门上安装挂钩，这样，你就不会再把牛仔裤随意扔在椅子上或地板上了。你需要将每天的整理工作纳为你的睡前习惯，直到它成为你的第二天性。我可以向你保证，它会成为你的第二天性的。请相信我，你一定会成为一个整洁有序的人，而且毫不费力。

神奇的是，了解自己的整理风格，不仅会改变你的家，还会影响很多其他东西。这种视觉丰富、分类简单的整理系统，在你的办公室中也能使用，这对持续提升你的整体工作效率可谓至关重要。在第8章中，我们将花更多的笔墨，探讨办公室中的整理和效率问题。

我希望，你现在能对自己宽容一些。我永远不会忘记一位好友曾赐予我的智慧之言。我曾对她说："我好想穿越时空，回到过去，告诉十岁的自己，她那样就已经很棒了。"我朋友是这样回复的："那现在就告诉她吧。她仍然在你心里。你还是当时那个小女孩，而那个小女孩仍然需要听到你说这些话。"

第 3 章
蝴蝶人：视觉丰富、分类简单

动手整理吧，蝴蝶人

你已经沉浸在"自己没条理"这一谎言中太久太久了。现在，是时候改写你的"懒人故事"，重新打造并设计出你应得的生活了。这将是你人生的全新篇章，它始于你放弃寻找借口的那一刻。请在内心告诉自己：我可以做到这一切。我需要你对自己有信心，通过改变整理方式来改变生活。

从你生活的家里开始做出改变。你所处的外部环境会直接影响你的内心状态。当你的家或办公室处于无序又混乱的状态时，你的内心也会感到无序和混乱。只有先合理掌控和整理好你的家，你才能够熟练地把控好自己的工作效率、财务状况和日常生活。

面对大量的工作，你可能会不知所措，但我可以向你保证，只要开始行动，你就会立即看到进展，并且在你意识到之前就已经达成目标。你只需朝着目标，每天坚定地迈出一小步。这样做的关键是要持之以恒，不是追求完美，也不是看重最终结果。专注于每天的小进步和小目标，正是这些日积月累的小成就会在未来改变你的生活。

从你的卧室开始做出改变。你每天醒来时，最先映入眼帘的便是这个空间，它也是你睡觉前看到的最后一个空间。卧室是你的温暖港湾，也是你远离世俗的地方。每天早晨，卧室为你定下了一整天的心情基调。在过去的许多年里，我只专注于家里有朋友来拜访时，他们能看到的那些地方。一直以来，我的主卧都好比垃圾场，那里是我隐藏杂物以免被客人发现的地方。每天晚上睡觉时，我都会盯着胡乱堆积的衣服，对我还没有做的工作感到焦虑不安。第二天一觉醒来,我又会立即看到成堆的杂物,它们提醒着我,我在整理生活上有多失败。在我醒来的那一瞬间,卧室并没有让我感到神清气爽,也没有让我对新的一天有所期待,它让我不知所措、疲惫不堪。这可真让人抓狂啊!

现在,我将整理主卧列为首要任务。房子里的其他空间可以乱一些,但我入睡的地方必须整洁有序,只有这样做,我才能在睡醒后,神采奕奕地把握好这一天。在我开始关注主卧后,立马就看到了改变。我入睡更快了,醒来后也更愉悦。当我从床上爬起来后,感觉生活尽在我的掌控之中,这种美好的感觉会伴随我一整天。心灵的力量非常强大。当我们以积极的态度对待自己和生活时,好事就会发生。

今天,我希望你能花十分钟整理一下你的卧室。清理梳妆台,将衣服挂起来,找出一些可以捐赠出去的东西。列出你需要的整理工具,比如挂钩、透明塑料盒、标签贴等,用这些来帮助你更好地整理卧室。当然啦,这并不是要你重新改造整个房间。你只需要花上几分钟,让卧室变得对你更实用。拿出标签贴和记号笔,给你的梳妆台抽屉贴上标签,这会增加你使用它们的概率。将壁橱的门一一打开!清理、丢弃无用的杂物。不要想太多,即刻开始行动就对了!

这周,用一个整洁的卧室来好好对待自己吧。把这一目标当成对自己的挑战!没有什么事能比每天清晨在整洁的空间里醒来更令人高兴的了!你会在醒来时感到自豪、干劲十足,并全力做好准备迎接新的一天,整理家里的其他空间。

第 3 章
蝴蝶人：视觉丰富、分类简单

" 蝴 蝶 人 的 感 谢 信 "

你说得太对了，我以前总是觉得自己又懒又乱！一直以来，我都更喜欢用置物架代替梳妆台，或者用衣服挂钩代替衣柜。我甚至还说过，要把我们家大衣柜的门给拆掉，让它完全敞开，这样，我们在出门前就不会忘记要带的东西了。我以为自己是疯了才会想要那样做。我们家有堆满衣服的沙发、用来放袜子的空荡荡的抽屉和只装满一半空间的衣柜。我要求我丈夫做昆虫整理人格测试，测出他也是蝴蝶人，然后让他看你的视频。在这个过程中，他不断惊呼："天哪，这和我们也太像了吧！"哈哈！谢谢你让我们知道原来自己没有什么问题，我们只是喜欢看到自己的东西而已！

——布兰妮，来自美国

我和丈夫参加了你们的昆虫整理人格测试，当我读到有关蝴蝶人的描述时，我几乎要哭了。多年以来，不管我们多么频繁地打扫，我们的房子都一直很乱。现如今，我们已经在大门挂上了衣钩，在厨房挂了一块公告板。虽然只做了这两件事，但相比以前已经有了很大的变化。实际上，我们对整理感到很兴奋！谢谢你。

——杰姬，来自美国

让你摆脱混乱的
人生整理术

> 我参加了昆虫整理人格测试，测试结果显示我是蝴蝶人。这也就解释了为什么我的衣柜门在八年前从滑轨上掉落下来后，至今还靠在墙上。因为自从衣柜门掉落下来后，我就可以看到我的衣服了，我能将百分之五十的衣服都放回衣柜。总之，非常感谢你。我从宜家购入了一套加宽版置物架，并捐出了我的梳妆台。现如今，我已经习惯将衣服挂在置物架上，而不是随意丢到地板上了。这些整理方法正在起作用。你有关蝴蝶人的描述实在是太贴切了！我真心为自己感到自豪。现在，我每看到一个空间都会问自己：我怎么才能把它变成蝴蝶型整理空间呢？
>
> ——德雷克太太，来自美国

> 以前，我很难连续几天保持家里清洁，这让我觉得自己很糟糕。后来，我做了昆虫整理人格测试，发现自己是蝴蝶人。于是，我花了整个周末的时间清理杂物、整理东西，而且之后还能一直让家里保持整洁。对此，我的家人都感到难以置信！虽然我知道这听起来很傻，但我还是想说，当我不再认为自己有问题后，整理就变得容易多了。谢谢你。
>
> ——爱丽丝，来自英国

第 4 章

与蝴蝶人共处：
担任简化后援队

与蝴蝶人共处的黄金法则

- 为整理箱、置物篮、公告板……贴上标签。
- 设计出符合蝴蝶人天性的整理系统。
- 帮助蝴蝶人清理杂物。

第 4 章
与蝴蝶人共处：担任简化后援队

可以完成的任务

我每周都会收到数以千计的电子邮件和评论，迄今为止，我最常被问到的问题是："我和蝴蝶人生活在一起，我们怎样才能调和彼此的整理风格呢？"

蝴蝶人的整理风格与人们惯常印象中的整理方式完全相反。大多数蝴蝶人没能掌握和形成保持整洁环境所需的技能和习惯。比如，他们会把空易拉罐放在沙发旁，或者随意将脏衣服丢在卧室地板上，而不是放进洗衣篮。蝴蝶人挣扎于想要把自己的东西收起来，他们常常认为自己没有条理。可能在很久之前，他们便已放弃尽力去保持整洁这件事了。

蝴蝶人甚至可能都意识不到他们此刻在做的事：消极地自我催眠、对混乱状态放任不管。他们也许会否认这一点，甚至完全有可能将自己在整理方面遇到的困境归咎于他人。事实上，许多蝴蝶人已经对囤积的杂物"视而不见"了，他们看待自我空间的方式与其他人大不相同。甚至，还有一些蝴蝶人在被杂物包围时，会获得心理上的安全感和满足感。这也是为什么有那么多蝴蝶人，会把囤积杂物作为应对痛苦和损失的一种防护机制。这里我要重申一次，对蝴蝶人来说，他们通常也意识不到自己正在做这些事。

当你与蝴蝶人一起生活或工作时，你能做的最重要的事就是理解蝴蝶人整理特质的成因。请想象一下，有这么一个世界，它期望你把所有东西都放在看不见的地方，假如你是视觉丰富派，你会是什么感觉？再想象一下，当东西不在你视野之内时，你会因害怕自己忘记它们而产生焦虑。我想让你设身处地想一下，倘若他们因不能使用与自我大脑运作方式完全相反的分类精细的整理术便受到责备，他们该会多么沮丧和羞愧啊！请回想一下，过去每当你试图保持有条理却总是失败的时候。

要理解并认识到蝴蝶人的困境：他们对于一个整洁有序的家应该是什么样子，并没有一个清晰的认知，因为这个认知与他们的大脑运作方式完全相反。蝴蝶人也能变整洁，他们也可以让家里保持干净、有条理，但你必须调整对干净整洁的认知，并进一步接受分类简单的整理系统。

如果你是和蝴蝶人一起生活或工作的蜜蜂人或蟋蟀人，那么，你可能一直处于沮丧当中，因为蝴蝶人无法遵循你经过深思熟虑设计出的整理系统。对你们注重细节的大脑来说，把已支付的信用卡账单放进贴有"信用卡"标签的文件夹似乎不费吹灰之力。对你而言，整理工作的全部内容就是把东西放进它们所属的"合适"类别；正是这些类别确保你能找到东西，以及明确自己有哪些东西。然而，对蝴蝶人

第 4 章
与蝴蝶人共处：担任简化后援队

来说，整理的关键是要简单。他们无法关注小的细节，只专注事物全貌。通常来说，蝴蝶人是富有远见的梦想家，因此，他们无论如何努力尝试，也永远不能轻松运用精细分类法。

简单分类的整理魔法

对蝴蝶人来说，简单分类便是他们的整理魔法。蝴蝶人需要将他们的东西分成简单的大类，只有这样，他们才能快速收好东西。蝴蝶人不需要为每类账单都设置一个独立文件夹，他们只需一个贴有"账单"标签的置物篮，能将账单统统丢在里面。这样简单的整理系统，缺点是你寻找需要的东西时，可能会花更多时间；优点是你要把东西放好时，也能节省不少时间。而如何把东西放好，正是蝴蝶人的烦恼所在。蝴蝶人美丽的大脑中经常会有诸多想法在飞舞，所以，对于该如何把东西放好这件事，他们甚至不会多想。由此可见，蝴蝶人所需要的是一套不假思索就能把东西放回原位的整理术。

蝴蝶人注重视觉的丰富性。如果你是蟋蟀人或瓢虫人，你追求的则是视觉的简洁性。蝴蝶人渴望看到自己的东西，要是你周围有许多蝴蝶人，你可能会倍感压力。在理想状态下，你想要家里每一处地方都井然有序，每样东西都物归其位。相信我，我懂，我真的懂。作为瓢虫人，我和你一样需要视觉上的简洁，当家里变得杂乱无章时，我会完全不知所措，所以我完全了解你的感受。如果你和蝴蝶人一起生活或工作，他们的东西到处都是，这会让你长期处于沮丧状态。更糟糕的是，如果你面对的是自己的伴侣，你就必须不断地跟在他后面收拾他的东西，长此以往，你可能会心生怨念。如果你确实面临这种处

055

境，那你可能因他们永远无法保持整洁，已经无数次尝试过整理他们的东西了。唯一能让你保持理智的方法是，首先承认自己内心的沮丧和怨念，然后让它随风飘散。

过去，你可能认为这只是"对方不在乎伴侣的感受"。事实上，尽管他们可能真的没有很努力去尝试，你能够接受和理解下面这一点也非常重要：事实是这种不努力，是你们多年来失败后条件反射的结果，它给你的伴侣带去了一种挫败感。所以，无法保持整洁从来不是某个人的错，也不是他企图伤害你或故意对你无礼。

我不是为蝴蝶人找借口，但事实上，这并非他们的错。无论他们如何努力，蝴蝶人永远不会成为一个注重精细分类的人。当然，更有可能发生的是，你努力想让他们像你一样有条理，但这根本不符合他们的天性。一旦你接受了他们真的需要视觉丰富性，并建立起适合他们天性的简单分类，你就可以取得实质性进展。请记住，如果蝴蝶人的东西被"收起来"，他们真的会完全忘记它们。这种潜意识里"经常忘记重要东西"的恐惧，促使他们把所有东西都放在外面。这样做的结果是，他们的东西往往会堆积如山、杂乱无章。我希望你能明白，造成这种状况的原因和形成这种状况的过程都在于他们，而不是你。你要做的是找到与之共存的方式，而不是抵触它。

别担心，这种状况可以改变，但并不是靠你乞求、唠叨或威胁。通过适合自己的视觉丰富、分类简单的整理术，外加一些练习，蝴蝶人也可以变得干净、有条理。

第4章
与蝴蝶人共处：担任简化后援队

以下是不同昆虫人共处的黄金法则：在一段亲密关系中，若存在不同整理风格的人，应该总是要先满足视觉丰富派和简单分类派的需求。蝴蝶人既是视觉丰富派，也是简单分类派。这就意味着，当你整理居家环境及工作空间时，要向他们的整理方式让步。

在你把本书扔到房间的角落、断定我是个胡言乱语的疯子之前，我要向你保证，我并不是在建议你完全放弃拥有干净居家环境的想法，也去加入"把垃圾扔得到处都是"的队伍。我也不是在暗示你，蝴蝶人在五分钟内就能把房间弄得乱七八糟是可以接受的；我只是想说，为阻止蝴蝶人产生混乱、堆积杂物而建立的整理系统，需要符合他们的天性，只有这样，双方才能都取得成功。或者，你也可以继续尝试让他们变成你那样。但到目前为止，这种尝试效果如何呢？其实，对你来说，适当放宽完美主义和细节导向的整理要求，要比让蝴蝶人遵循它们容易得多。以你家来说，用日历或公告板来提醒重要事项，要比指望蝴蝶人"记住"写在计划表上或保存在电子设备上的事容易得多。

当然，这绝不意味着你家里的每样东西都必须留在视野范围内，也不意味着你永远不能再使用分类精细的整理系统。我要说的是，对那些蝴蝶人每天都在使用和最难整理的区域，你可以采取折中处理的办法。我还建议你负责整理那些只困扰蝴蝶人但不困扰你的空间。也许你可以接手账单支付和文书整理工作，因为你更愿意将它们摆放得井井有条，这也正是你的强项。也许你可以为你的蝴蝶伴侣指定一个置物篮，这样，他们就可以把一天中随手乱丢的东西放在里面。每天晚上，你只需花几分钟便可以把这些东西放回原位。

与蝴蝶人一起生活时，你实际上只有三种选择（如果你不考虑结束关系这第四种选择的话）：

1. 忍受混乱的生活；
2. 由你负责解决混乱问题；
3. 打造有利于蝴蝶人的整理系统，解决混乱问题。

你可以做一些简单易行的事，让你生活中的蝴蝶人更容易保持整洁。你能做的最重要的事是，给所有东西都贴上标签。你丈夫是否每天都把他的维生素摊在浴室的台面上？拿一个置物篮，贴上"维生素"标签，然后把它放回到台面上。作为瓢虫人，我只要想到台面上放着一篮维生素就会在内心哭泣——当然也没那么夸张啦。对于蝴蝶人来说，如果把这些维生素放在柜子里，他们也会有同样的感受。蝴蝶人不会记得使用他们看不到的东西。当所有东西都有了一个指定的、看得见的"家"，你的蝴蝶伴侣就不会再把它们四处乱丢，他们会开始用整齐有序的方式收好东西。对视觉丰富派来说，标签相当于一个视觉提示，可以告诉他们在封闭、隐藏的空间里放有什么东西。蝴蝶人会因忘记放在视线之外的东西而产生压力，所以，这些视觉上的提示可以减轻他们的压力。总之，为置物篮贴上简单的分类标签，可以解决蝴蝶人的许多混乱问题。

你可以拥有一个美丽整洁的家，并在其中纳入一些对蝴蝶人友好的整理方式。要达到这一目标，需要双方都有所妥协，但要先重新设计那些不起作用的整理系统，使之更符合蝴蝶人的天性。比如在大门后装上挂钩，在厨房台面上放置邮件篮，购买一些开放式置物架，等等。你们可以一起构思，设计出让双方都满意的整理系统。我无法具体告诉你该如何设置这些系统，因为这真的需要视情况而定：你家的样子、你拥有的东西、你和家人使用空间的具体方式。我希望你相信，你和你的蝴蝶家人能想出适合双方的解决方案。此外，还需要牢记：比起完美，进步更重要。

心理治疗师姐姐的"懒人故事"

我姐姐是百分之百的蝴蝶人。她是一位出色的心理治疗师，专门处理临床心理健康问题；同时，她也是三个孩子的母亲，甚至还经营着成功的副业。她聪明、有趣又健谈……我非常崇拜她。但其实，我姐姐也在拼命地与混乱无序做斗争。虽然她已经取得了很大的进步，但她家里通常还是会到处堆满各种东西，比如孩子的手工作品、账单、衣服、玩具以及其他杂物。这些东西要么没地方放，要么就是没有被好好收起来。

我尽量不主动向姐姐提供整理方面的建议，这不是我能随意插手的事。我到她家是去拜访她，而不是去看她家有多乱……所以，对于该如何整理居家环境这件事，我选择闭口不谈。

几个月前，我非常想向我的支持者展示如何整理蝴蝶人的空间，所以，我问她是否可以在她家里拍摄。她很不情愿地同意了。

其实，我心里明白。姐姐之所以不太情愿，原因在于，让妹妹来帮助自己收拾乱七八糟的家就已经够糟糕的了，还要在网站上与全世界分享自己日常有多乱，这真的需要莫大的勇气。她很勇敢，不仅让我放手整理孩子们的玩具和厨房，还允许我拍摄整个整理过程，并将其发布到互联网上。她可真是女中豪杰啊！

可以使用和姐姐蝴蝶型风格相匹配的整理系统，来整理孩子们的玩具区和厨房，这让我非常兴奋。首先，我们把孩子们的玩具分成几类，放在带有图片标签的整理箱里，然后再把整理箱放在开放式置物架上，以方便取用。我们还在厨房里挂上公告板，用来张贴孩子们的学校作业和美术作品。此外，我们还安装了一个铁丝篮，用来放置收到的邮件。我们还放了一个"要拿到楼上的东西"的置物篮，用来装那些常被丢弃在楼下的杂物；安装了一些挂钩，用来放车钥匙和钱包。

在对她的杂物进行分类时，一个常见的问题反复出现。这是我在大多数蝴蝶人家里都会看到的一个问题：她的每样东西都没有固定放置的地方。

当我开始在她的厨房整理那堆杂物时，我翻出一包电池，于是我问她："你平时都把电池放哪儿？我现在把它们放回去。"

你猜她怎么回答？"我没有放电池的地方……就把它们扔进那边的柜子吧。"她指了指厨房的一个柜子，那里已经堆满了乱七八糟的东西。

"为什么要放在厨房的柜子里？"我问。

第 4 章
与蝴蝶人共处：担任简化后援队

"因为把电池放在里面，当我打开柜子拿维生素时，就能看到它们。"这就是她整理家里所有东西的方法：把所有东西都摊开，以便自己能看到，或者把东西放在自己最常打开的柜子里，这样她也能看到。

"无家可归"的并非只有电池。从账单到零钱都是如此。即使是她最珍贵的纪念品，如孩子们的成绩单，也没有一个固定的地方来放置。在她家，所有东西都没有一个真正属于它们的"家"，这导致每样东西都很难被收好。

问题出在这里：我姐姐认为自己又懒又乱。这是她在内心告诉自己的。她在小的时候，经常因为房间乱七八糟而遭到呵斥。在高中和大学时，她就觉得整理文件和衣物很棘手，等到步入成年后，她已经完全放弃了整理的想法。"我花那么多时间进行打扫和整理，但没过几天就又乱七八糟了，那我又何必再自找麻烦呢？"她内心的"懒人故事"，甚至让她不敢再去尝试整理。既然她做什么都不会有任何改变，那么，为何还要继续尝试呢？

我在整理她家的时候，只花了几秒钟，拿起一个大的置物篮，贴上"孩子的回忆"的标签，然后把它放在她的书架上。一瞬间，成堆的成绩单和美术作品便有了去处。那她以前为什么不这样做呢？

同我接触的大多数蝴蝶人一样，我姐姐的问题在于她没有信心建立一套新的整理系统。原因很简单，她曾多次尝试整理都没有收到效果。为你拥有的每件物品创造一个"家"，这正是整理的重点，但对有些人来说，这的确是个陌生的概念。可能在过去，他们也曾试图为物品找一个固定的"家"，但他们却多次忘记过自己收起来的东西；也有可能是，他们本身很难坚持使用分类精细的整理方式，所以害怕失败。

对我姐姐来说，通过使用贴有简单标签的置物篮和公告板，她的厨房和玩具区得到了改变，她用最小的努力保持了这些空间的整洁。那她可以独立创建出这些整理系统吗？答案是肯定的。但由于对失败的恐惧，对分类精细的隐藏式整理系统的焦虑，她从来就没有真正尝试过。自从她成功使用视觉丰富的简单分类整理系统后，她便信心大增。现如今，她正一步步地在家里的其他空间复制这套系统。

我姐姐面对的另一个难题是：坚持做家务和坚持整理的习惯。有一天，她坦白说："晚饭后，你姐夫总是想立即清理碗筷、打扫卫生。我总是试图说服他，这些事我们可以稍后再做，先陪孩子们玩一会儿，或者做一些有趣的事。"这是她告诉自己的另一个故事。她努力说服自己，她不做家务或不整理的原因是：生活中还有更重要的事要做。

她的这番话完全出乎我的意料，我对她说："你不愿意整理，可能是因为你觉得自己不擅长整理。也许你把整理这件事与失败联系在了一起，所以你才逃避它。其实饭后收拾碗筷只需要几分钟，你还是有很多时间陪孩子们玩，或者做一些有趣的事。也有可能你知道自己是一位很棒的妈妈，所以你更愿意去做自己擅长、让自己感觉良好的事。没有人愿意感觉自己像个失败者，所以你可能在潜意识里回避

第 4 章
与蝴蝶人共处：担任简化后援队

让你有这种感觉的事。"姐姐一阵沉默。我期待她能回答，但她却没有回应，于是，我又给了她一个不同的解释："其实你做家务并不差。姐姐，以前那些都是谎言，是你的自我暗示。你失败的唯一原因就是你对失败的恐惧。"听了我这番话，她很受感动，我知道，她的内心得到了宽慰和理解。

蝴蝶人会说自己并不受混乱困扰，但这是他们欺骗自己的另一个谎言。他们这样说看似很超然，实则是一种自我保护和自我遮掩的方式，可以使自己免受混乱带来的伤害和羞辱。但是，当他们在整理上取得成功时，就会克服这种挫败感。他们只要使用符合自己天性的整理方式就会成功。要用"我喜欢，我也值得拥有干净的厨房"这类积极的自我鼓励，代替"我讨厌洗碗"这类消极的自我暗示。

请记住，对蝴蝶人来说，整理工作完全是一个未知领域，所以要有耐心。他们需要时间来培养新的整理习惯，并对使用新的整理系统建立信心。幸运的是，当新的整理系统与他们的天性相契合时，蝴蝶人终于可以不再失败，开始成为整洁、有条理、高效的人，这是他们找对方法后必定能成功的事。

你也需要帮助你的蝴蝶家人清理杂物。视觉丰富派只是更加重视他们和物品之间的情感联结，因此，他们在丢弃杂物时自然会面临更大的挑战。和蝴蝶家人聊聊他们的难处，试着找到他们整理失败的最主要原因。他们不愿清理和捐赠物品，是因为有金钱上的不安全感，还是因为过去的创伤？围绕整理问题找出蝴蝶家人的焦虑根源，这可以在很大程度上帮助他们克服困难。在本书的后续章节，我们将更多地讨论如何克服清理障碍这一问题。

你所能发挥的最大影响就是为他们加油打气，当他们的后援队。你可以帮助他们将自我怀疑转化为自信，你们可以一起设计一套新的整理系统，为你的家人节省时间和精力，并最终促使你们的关系更加紧密。

第 5 章

蜜蜂人：
视觉丰富、分类精细

蜜蜂人的整理诀窍

- ○ 列优先事项清单。
- ○ 使用洞洞板、透明塑料盒、开放式置物架、玻璃罐……
- ○ 学会扔东西。
- ○ 学会做计划。
- ○ 设置项目箱。

第 5 章
蜜蜂人：视觉丰富、分类精细

蜜蜂人的思维

我经常用勤奋来形容蜜蜂人，这也正是我选择用蜜蜂来代表这种整理人格类型的原因。蜜蜂是一种视觉型昆虫，会被最美丽、最多彩的花朵吸引，但蜜蜂也总是有计划的。它们努力工作，有条不紊地采集花粉、建造蜂巢。对蜜蜂人来说，维持家里的整洁，让每件物品都"各得其所，各归其位"很容易，他们甚至在整理时对秩序和结构都能驾轻就熟。但这并不意味着，蜜蜂人都不会受混乱问题困扰。事实上，如果在整理时能做到兼顾秩序、结构、整洁确实很好，但这需要花时间和精力去策划、实施。在最后的实施阶段，蜜蜂人可能会遇到麻烦。

每个人都是独一无二的，所以，不是每个蜜蜂人都会受混乱问题困扰。对许多蜜蜂人来说，他们注重细节的天性是一种正向特质，对他们的生活完全没有负面影响。不过，考虑到本书的写作目的，我还是会试着帮助那些确实受混乱困扰的蜜蜂人。

蜜蜂人最大的优点，也有可能是他们最大的弱点：完美主义。能

让你摆脱混乱的
人生整理术

保持完美主义是一种令人惊叹的品质，如果要坚持使用一套分类精细的整理系统，你绝对需要这种品质。我的意思是，谁不希望有一个完全干净有序的家？完美主义的缺点是，它很容易导致拖延症。从我的蜜蜂人客户那里，我反复听到的一件事是，虽然他们怀有远大的梦想和抱负，但在自己能熟练操作之前，他们很难开始执行新的整理方案。

蜜蜂人做事很容易拖延，他们要在有万全准备或足够充裕的时间后，才会开始执行方案。蜜蜂人经常试图制订完美的计划，但这种计划可能很快便会变成过度规划。

虽然我赞成做事之前要有规划，但过度规划和拘泥于小细节肯定会妨碍你真正开始行动。你一直在思考或计划一件事，却迟迟没有采取任何行动，到头来，思考或计划的时间超过了实际完成任务所需的时间，那么你极有可能是想太多了。如果你因追求完美而深受拖延症困扰，那么是时候停止过度思考，直接动手整理了。

通常，蜜蜂人在开始整理之前，大脑便已经在飞速运转，开始思考整理时的各种细节问题，比如需要多少个整理箱，是否需要购买标签机等。他们甚至连衣柜和抽屉都还没打开呢，就轻易陷入了过度规划和对潜在问题的幻想深渊中。因此，与其对整理进行详细规划，还不如专注当下，让自己先踏出第一步。

不管是什么整理项目，都要先快速清除明显的垃圾。先从小处着手，选择一个抽屉、置物架或厨房台面，然后开始清理杂物吧。不要

第 5 章
蜜蜂人：视觉丰富、分类精细

考虑整个整理项目，也不要考虑所有要做的事，每次专注一个步骤即可。第一步完成后，就该进行第二步了：将剩余的物品进行分类。花几分钟时间将剩余的物品分成几堆。在第一步中，蜜蜂人可能会遗漏一些可以清理的东西。所以，接下来的第三步，就是要翻查这几堆东西，清理掉之前遗漏的物品。在清理过程中，可以多问问自己"我真的需要这些东西吗"。第四步，为留下来的分类物品找一个固定的家。我建议你将最重要的东西或日用品放在一眼就能看见的地方。第 6 章将会讨论如何为你的东西找到合适的家。

只要按照计划循序渐进地做，你就永远不会感到气馁或不知所措。有时，蜜蜂人也会害怕失败。他们渴求用非常详尽细致的方式整理东西的天性，可能令他们不知道该先做什么，从而导致他们无法真正开始工作。害怕整理方式不对或在整理中犯错，正是常常阻碍蜜蜂人向整洁之家迈出第一步的原因。"要是我捐出去的东西以后还需要怎么办？""用什么方式来分类和整理我的手工材料最好？""我到底需要多少个整理盒，买哪些最好？""在把所有东西按照类别分成许多小堆后，我又该怎么办呢？"

没错，你可以既是个完美主义者，又同时生活在乱糟糟的家中，这两种情况并不冲突。事实上，在许多案例中，完美主义正是造成混乱的根本原因。

蜜蜂人的另一个天性是，他们都是视觉丰富派。看不见，真的就意味着想不起来。同蝴蝶人一样，你可能也曾多次尝试建立某个"完美的整理系统"，比如文件柜，却未能长期使用它。过去的那些整理系统之所以会失败，是因为它们都把东西藏在了视线之外。同蝴蝶人一样，蜜蜂人也追求视觉丰富性。他们需要看到自己的东西才会记住它们，才会有动力放好它们。这很可能是一种下意识的习惯，也是他们在家中使用率高的地方受杂物困扰的原因。

由于害怕忘掉隐藏的东西，蜜蜂人会把东西进行精细分类，将其堆成小堆，堆得房子里到处都是。如果有其他家人好心帮忙，试图帮助蜜蜂人搬走或整理这些堆积物，蜜蜂人可能会为此感到焦虑。蜜蜂人这种视觉丰富派和细节导向型的大脑，促使他们很快就会堆积起许多杂物。

当然，我并不是说所有蜜蜂人都会受混乱问题困扰。每个人都是不同的，我们在生活中会有各自不同的挑战。我只是想说明，我在许多蜜蜂人的人身上都见证了这一潜在问题。有些蜜蜂人的整理能力令人惊叹，他们的家非常整洁，完全没有杂物；有些蜜蜂人则淹没在杂物之中，一直在与囤积习惯做斗争。

我不是在暗示拥有蜜蜂型人格是件坏事。蜜蜂人的自然逻辑和分析思维，意味着他们拥有与生俱来的整理能力。对蜜蜂人来说，分类是大脑自然而然的工作方式。这意味着，蜜蜂人一旦真正建立起一套适合自己人格类型的整理系统，就能毫不费力地维持它的运转。事实上，被誉为"美国最有条理的人"的雅丽珍达·卡斯特罗（Alejandra Costello）就具有蜜蜂人的特征。雅丽珍达是一位生活教练和专业整理师。她将整理的重心放在跨越整理时的情感障碍上，再辅之以她创建的易于维护的整理系统，从而帮助人们变得有条不紊。雅丽珍达开

第 5 章
蜜蜂人：视觉丰富、分类精细

通了很棒的视频平台和个人网站，在这些平台上通过整理来激励公众，你可以在上面看到她为蜜蜂人精心设计的整理术。

只要你的整理系统是可视化的，那你就是那种会多花几分钟打开整理容器盖子，再放好东西的人。你不介意回家后立即对信件进行分类；在用完东西后，你会立即放好它们。这是你的巨大优势，说实话，我也希望自己能像你一样做到这些事。接下来，我将协助你克服由完美主义引发的拖延症和失败恐慌症。请相信，一旦你成功克服了这些，你整洁的家终将反映出你本来的面貌，即你的确是一个超级有条理的人。

失控的完美主义者杰茜卡的"懒人故事"

杰茜卡是我最好的朋友，我们在二十岁出头的时候因工作而相识，从那时起，我们就情同手足。我们俩在各自的婚礼上都邀请过对方当伴娘。大多数闺蜜都能炫耀这一点，但我们不仅在同一时期怀孕，连孩子也出生在同一天，就不是很多闺蜜能炫耀的啦。对此，你可能会有疑问，在你问之前，我便会告诉你：这不是我俩计划好的；我们女儿的生日碰巧在同一天！这可真令人惊叹啊！她是我非常亲密的朋友，我实在是无法想象，如果没有她，生活会变成怎样。我们在很多方面都很像，除了在整理方面。杰茜卡在整理方面简直和我完全相反，而我们之间的这种巨大差异，正是我确定四种不同整理人格类型的推动力。

我最好的朋友杰茜卡是一个彻底的蜜蜂人。一直以来，杰茜卡都在与混乱问题斗争。她的东西太多了，但她又不愿将它们清理掉，而且，她还特别追求完美主义。过去，每当我想到完美主义者时，我想到的都是成就非凡的大人物，他们有着完美的发型，生活在完美无瑕的家里。我内心坚信，完美主义者必定会让他们的东西完全保持整洁。我曾白日做梦，希望自己也能成为完美主义者，因为他们的生活与我当时混沌又邋遢的生活完全相反。

但现实是，虽然完美主义者可能会渴望让一切都完美无瑕，但生活常常不尽如人意。有时候，蜜蜂人想要的东西并不现实，即便如此，他们也往往会选择等待，而不是将就。这也正是困扰杰茜卡的难题。

在刚结婚生下女儿时，他们三口之家住在一所五十平方米左右大的房子里。请细想一下这个空间，没有地下室，没有车库，壁橱的空间也不大，没过多久，她的小家就被各种东西填满了。

身为一个蜜蜂人，杰茜卡极其注重视觉丰富性，她喜欢将自己的所有东西放在视线范围内。她还有大量的兴趣爱好。她喜欢烹饪，比如烘焙，她还坚持要拥有人类已知的所有厨房用具。她就是购物广告最喜欢的那种客户。她还喜欢做手工，所以，她有很多制作工具和手工材料。缝纫、编织、制作蝴蝶结、绘画……我甚至可以这样说，只要是你知道的手工，杰茜卡都会做。对于杰茜卡的这些爱好，我几乎没有时间列出一份完整的清单，更不用说亲自尝试去做了。

作为视觉丰富派，杰茜卡和自己的东西之间也有很深的情感联

第 5 章
蜜蜂人：视觉丰富、分类精细

结,所以,她丢东西时总会很犹豫。想象一下,在只有五十平方米左右的房子里,放着她大量的东西,还生活着她的丈夫和女儿,外加两条大狗,这样的生活空间该多么逼仄呀。在这种情况下,东西只会堆积如山,进而演变成一场杂物灾难。虽然她确实利用了墙面空间,设置了顶天立地书架,但在这么大点儿的房子里,墙面空间其实非常有限。

在我女儿两岁左右的时候,我开启了从混乱到整洁的蜕变之旅。我开始用整理术来改造自己的家,我每天都兴奋地给杰茜卡打电话,和她分享自己在整理中认为有用的诀窍和想法。我将这些称为"史上最强的整理诀窍",杰茜卡也尝试过其中一些方法,但似乎都没什么用。因为我是瓢虫人,所以对我有用的都是视觉简洁、简单分类的整理术。相反,因为杰茜卡是蜜蜂人,所以她需要的是视觉丰富、精细分类的整理术。因此,当我给她提供了与她的整理风格完全相反的诀窍和想法时,她会说:"你说的那些甚至都不能算是整理……你可真是十足的疯子!"直到我确定了四种不同类型的昆虫整理人格,我才真正意识到,我的挚友杰茜卡是"忙碌的蜜蜂人",她需要的整理术与我完全不同。

在混乱、狭窄的小家生活多年之后,杰茜卡和她的家人搬进了一所美丽的大房子。她的新家有四间卧室,总面积二百七十八平方米,有了这样大的空间,他们三口之家可以好好享受了。相比以前的房子,新家的面积大了好几倍,是每人的居住空间都多了几倍喔。她以前真心相信,只要自己能搬进一所更大的房子,那她所有的混乱问题都会迎刃而解。现如今,杰茜卡梦想成真了。

让你摆脱混乱的
人生整理术

杰茜卡之所以会这样觉得，是因为她新家的空间是以前的将近六倍，而且，新家还有真正的储藏室可以用来放东西。这下，她以为自己终于可以拥有梦想中干净整洁的家了。

但是，在短短不到半年的时间内，杰茜卡和家人就又把新家塞得满是杂物了。看来房子太小、没有储藏室虽然是她之前烦恼的原因之一，但显然，这并不是全部原因。

她曾告诉自己，如果有一天，她有了更多柜子、一整个地下室和一间自己的手工室，困扰她的混乱问题将彻底烟消云散。类似这样的说法，我已经记不清听过多少遍了。人们会把自己的混乱问题归咎于没有储藏室或没有合适、完美的整理系统。人们会把自己的混乱问题归咎于没时间、没空间、没金钱。但事实上，其实这些都不是最重要的。

在杰茜卡和她的家人搬进漂亮宽敞的新家仅一年后，我就来帮助她整理手工室了。让我悄悄告诉你吧，在杰茜卡的手工室里，垃圾堆积如山，几乎覆盖了房间里的每一寸地板，我们差点儿连门都打不开。

这种情况不是由她过度购物造成的，而是由她失控的完美主义引起的。杰茜卡的东西非常多，要么是从朋友和家人那里得到的，要么是在旧货店淘到的，当然，也有可能是在其他地方得来的。总之，只要是她偶然发现有用的东西，她都会把它们拿回家。她之所以到处收集并保留这么多旧东西，一是因为这些东西某天可能会派上用场，二

第 5 章
蜜蜂人：视觉丰富、分类精细

是她会站在经济角度去思考，这些旧东西可以留作备用，如果现在用的东西坏了，自己就不需要再花钱去买新的了。

很多蜜蜂人都会这样做。他们那逻辑分析型的大脑，经常会看到事物可能具有的经济价值。他们会告诉自己："这个铲子是有些多余，但如果我的旧铲子坏了，我就得花几十元买新的。因此，我留下这把多余的铲子，可以节省几十元，甚至，如果这把铲子是朋友免费赠送的，那我就相当于赚了几十元。"

当杰茜卡把这些乱七八糟的东西带回家时，她的大脑正是这样告诉她的。她告诉自己，把旧东西拿回家或者把不用的东西留下来，是在省钱，甚至还能赚钱。身为视觉丰富派，她和物品之间也有着更深的情感联结，所以每当清除杂物时，她都需要同时与大脑的理性和感性作斗争。

她手工室里的杂物堆积到腰部那么高，从房间的一边到另一边，只留了一条小路。她用了不到一年的时间，就把这里塞满了，以至完全无法使用手工室。当我第一次踏进她的手工室时，我真的哭了。

我为她感到悲痛和心碎，但在某种程度上，我又觉得好像辜负了她。从我认识她起，她就一直想要拥有这样的空间，终于，在十五年后的现在，她拥有了自己的手工室，然而，她却因混乱问题而无法愉快地使用它。身为专业整理师和她最好的朋友，我本该早早向她伸出援手，为她提供整理方面的专业帮助，这样她就不会深陷混乱问题的旋涡中了。

让你摆脱混乱的
| 人生整理术

我心里清楚，为了让她能有一个真正实用的空间，我们必须清理掉她四分之三的东西。即使我们用顶天立地书架覆盖全部墙壁，也没有办法存放这么多东西。要想给她腾出一个实用的空间，唯一的方法是清理掉无用的杂物，将她的大部分东西捐赠出去。我还知道，对她来说这样做并不容易，也需要不少时间。

因为对杰茜卡这样的蜜蜂人来说，把东西扔掉是非常困难的，所以，我们要从丢垃圾开始做起。我们俩翻开那些齐腰高的杂物堆，找出明显属于垃圾的东西。你若想从零开始清理掉无用的杂物，这是一个相对简单的方法，因为它通常不会给你带来焦虑。我先拿起的是一个侧面有裂缝的水壶。水壶的出水口在底部，杰茜卡坦言，眼前的这个水壶不仅侧面有裂缝，而且出水口还漏水，所以，它不能再装任何液体了。对我来说，它显然就是该扔掉的垃圾。在商店里，一个全新的水壶只卖十几元，而这个水壶呢，它不仅有裂缝，而且还坏了。

"我们绝对要丢掉这个水壶。"我一边说一边把它丢进了垃圾袋。

杰茜卡听后看起来很惊恐。"等一等！"她喘着气说，"别丢，我可以用它来装糖果或强力洗衣皂……或者纽扣！"

问题就出在这里。在她眼里，不管什么东西，有朝一日都可能会被用到。所以，对她来说，丢掉很久以后可能会用到的东西也是一种浪费。对杰茜卡来说，让她扔掉那个破水壶就好比让她扔掉几十元和一个又酷又实用的整理盒。

第 5 章
蜜蜂人：视觉丰富、分类精细

此刻，读到这里的蜜蜂人可能会懂杰茜卡的感受。你可能在想，留着一个破水壶又有什么问题呢？问题是，你拥有的每样东西都有你自身认定的价值和潜在的用途。如果这些小东西全被留下，慢慢就会堆积如山，在你意识到之前，你就已经痛苦地淹没在家里的杂物堆中了。那么，你又该如何克服蜜蜂人在清理物品时所面临的挣扎呢？答案是多练习。

我之所以建议先从垃圾开始清理，正是出于这个原因。清理完垃圾后，接着清理不用的东西，最后再清理其他东西，只有这样才能为真正重要的东西腾出空间。我真正有效帮助杰茜卡缓解清理杂物所带来的焦虑的方式，是在客厅建立起一个巨大的"待定杂物堆"。

我告诉她："只要不是你百分之百确定要留在手工室的东西，我们都要把它们移到客厅。但这并不意味着我们要把它们丢掉，我们可以随后再决定。现在开始行动，确定你需要留在这里的东西。"

对蜜蜂人来说，犹豫不决是个大问题。他们害怕犯错，所以他们压根儿不做任何决定！要想消除杰茜卡对失败的恐惧和丢弃有用物品而产生的焦虑，就要让她专注于想留下什么，而不是考虑必须丢掉什么，这样，她在整理时才能轻松一些。对蜜蜂人来说，让他们整理自己的杂物，同时又不担心自己会犯错，是很重要的。有一些策略能让他们在不感到无法胜任或恐惧的状态下就完成整理。

当杰茜卡不确定该如何处理某样东西时，她会默认要将其留下。"如果将这件东西进行再利用，用来做什么才最好？""要是孩子在学校可以用到呢？""这件东西最适合捐给哪里呢？"碰到这些疑问时，她不会做任何决定，只是又把东西放在一边，然后一天天地拖下去。正是她的完美主义反过来阻碍了她的进步。通过建立一个"待定杂物堆"，我成功帮她避开了所有的内心挣扎，从而使她能够专心整理自己的空间。

在蜜蜂人和蟋蟀人身上，我还经常遇到另一个问题：他们害怕自己处理东西的方式不够正确。同样，这也是完美主义造成的。我遇到过数不清的客户，他们总想找到能回收废旧电子产品或破旧脏衣物的最佳地点。因为他们总是执着于"正确"和"完美"的杂物处理方式，所以，不管是空整理盒还是破碎布片，都有可能成为他们整理道路上的巨大绊脚石。有时候，把这些东西当作垃圾扔掉真的是最好的选择。虽然这样做很糟糕也很浪费，但你因为害怕把垃圾放进填埋场而留下它们，不是长久之计。你唯一能做的是尽量再利用，能捐的都捐出去，并且承认有时候真的不是每样东西都有合适的地方可去。放过自己，多将注意力放在有建设性的事情上，可以为你和你的家人营造出一个更宁静、放松的居家环境。

当我们将她的手工材料分好类，并把它们放进贴有标签的整理盒时，她放松了对自己的整理要求。最终，当她开始按照大头针的颜色来分类时，我不得不出面阻止她。蜜蜂人会过度整理，这样做真的很浪费时间。虽然杰茜卡很想用精细分类法，但我们还是先从简单分类开始做起。用这种方法来解决她的堆积物，更快也更容易，而且，我们随后还可以回过头来，对这些整理盒再进行一次详细整理。但这一次，我没让她按颜色给大头针分类。我们安装了置物架，挂上了洞洞

第 5 章
蜜蜂人：视觉丰富、分类精细

板，还为她设置了个性化的缝纫桌。经过五个小时的分类，再加上为她囤积的手工材料找到固定的"家"，我最好的朋友杰茜卡，终于有了一间属于自己的手工室，它既漂亮又实用。

前面的工作完成后，杰茜卡兴奋得不得了，而我心里明白，真正的转变才即将开始，是时候解决"待定杂物堆"了。当我们盯着那一大堆她不确定是否还要的东西时，我简要地对她说："如果我们把这些东西都放回手工室，它们会再次把房间塞满的。你漂亮实用的手工室马上又会变得杂乱无章。"

她犹豫着说："但这些东西，有很多真的很有用。"

我简单地回应道："如果把这些有用的东西全留下来，你的手工室将无法使用。你本应该拥有自己的手工室。它是你一直梦寐以求的房间，不要让这堆垃圾夺走你的梦想。在这堆杂物中，没有哪样东西能比你拥有自己应得的美丽空间更有价值。"

她的手工室整理得非常完美，这让她更轻松地做出了决定，即捐出"待定杂物堆"中的所有东西。现在，把它们全部丢掉是一个理智的决定。但是，她仍然与我争论哪里是这些东西的最佳去处。甚至连吸管清洁刷、单只啦啦队手摇花球、破布片等都躲过了被丢进垃圾袋的命运。尽管我认为这些东西只是垃圾而已，但她还是坚持要把它们送到她女儿的学校去。那个破水壶呢？它也要被带到学校去，所以，它也躲过了被扔掉的命运。最后，我把剩下的东西全部装好，开着我的小货车，把它们送到了捐赠中心，这样她就不能再改变主意了！不过,请相信我:当事后我和杰茜卡谈到清理东西时,她向我坦言,她完全不会怀念丢弃的任何一样东西。

她不仅不后悔清除那些无用的杂物,而且在这一过程中,她还认识到自己以前的恐惧是不理性的。如今,她正在整理家里的其他区域,并在实践中逐渐克服了因丢弃杂物而产生的焦虑。

杰茜卡看待自己东西的方式,也不再像以前一样,想着它们有朝一日可能会派上什么用场。她看待事物的心理转变了,面对同一件东西,她以前看重的是这件东西未来能带给她什么,而现在她更注重这件东西当下能给她带来什么。死死抓住不用的东西,对自身来说其实是一种损耗,并且不会带来什么好处。你要花时间维护它们,分出空间存放它们,它们还会让你的家乱七八糟,进而降低你的幸福感。最终,当你看到整理前后的差异时,丢掉那些不再需要的东西,留下能让你在当下感到快乐、满足的东西,就变得很容易了。

所以我的蜜蜂朋友们,不要再想着有朝一日,破水壶可以用来放纽扣,而不舍得扔掉它。也不要再考虑其他人会如何使用它,甚至也不要想怎样才是回收它的最佳方式。在这里我要申明一下,我不反对要有环保意识,只是蜜蜂人的完美主义思维,可能会让简单的任务变得过于复杂,比如迟迟不肯丢掉已经坏掉的东西。这种过度思考会导致拖延症、优柔寡断和混乱。请相信我,你值得更好的状态。

现在,是时候自私一点儿,考虑你自己的幸福了。你因杂物堆积而不快乐,现在就让它们全部消失吧。要克服丢东西时产生的焦

第 5 章
蜜蜂人：视觉丰富、分类精细

虑，最好的方法便是问问自己："如果我把这件东西丢掉，最坏的结果是什么？"现在让我们以破水壶为例。如果杰茜卡扔掉它，最坏的结果是什么？如果她发现自己将来需要一样东西来储存大量的纽扣，到时候该怎么办呢？到那时，她可以用旧的泡菜罐来代替破水壶。也许在某天，当她想要重新设计洗衣房时，需要一种可爱的容器来存放洗衣液。这也没问题，旧货店满是可以用的漂亮大罐子，而且很便宜，往往只需要几元。在我看来，当你询问自己最坏的情况是什么时，答案通常都是"我可以用家里的其他东西代替"、"我可以向朋友借"或"我可以再淘到二手的"。只要问问自己最坏的结果会是什么，就可以轻松消除情绪上的焦虑，从而让自己的大脑能够理性思考。

我不会假装清理杂物很容易，但我可以告诉你，清理一定会越来越容易。你每从家里清除掉一件物品，都会让你感觉更轻松、更快乐。定期清理杂物也能减轻焦虑，这种焦虑源自丢掉了似乎还有价值的东西，或者担心对物品的处理方式不对，以及担心东西被浪费。

剖析蜜蜂人

还未确定自己是不是蜜蜂人吗？下列是蜜蜂人最常见的几种人格特质：

- 蜜蜂人经常会同时运行许多项目，忙碌又活跃。
- 蜜蜂人非常有条理，往往是完美主义者。

> 让你摆脱混乱的
> 人生整理术

- 蜜蜂人大多非常勤奋，追求高成就。

- 蜜蜂人很注重视觉丰富性，对于重要的和经常使用的物品，他们更喜欢"看到"它们。

- 蜜蜂人的个性属于细节导向型和分析型。

- 在完成一项工作前，蜜蜂人喜欢把他们的工具、文件都放在外面。

- 蜜蜂人的混乱问题往往来自这两个方面：一是将东西堆积起来日后再收拾；二是将未完成的项目留待日后再完成。

- 蜜蜂人很难丢掉那些以后可能还会派上用场的东西。

蜜蜂人的优势

蜜蜂人勤奋、聪明、有创意、注重细节。在手工和烹饪领域，我观察到蜜蜂这种昆虫和蜜蜂人之间的联系。蜂巢是蜜蜂们精心打造的辉煌之家，当然，蜜蜂也会酿制蜂蜜！我要把酿蜜和烘焙联系起来。我所有的蜜蜂人客户都热爱烹饪，比如是狂热的烘焙达人。

蜜蜂人的完美主义可以是很大的优势。现在，既然你已经意识到过分执着于微小细节所带来的问题，就可以把自己注重细节的整理超能力用在对的事上。比如，当你的时间很充裕时，你可以把事做得超级完美。自我意识是促使人们做出改变的重要工具，只要更深入地了解自己的个性，你现在就可以用自身的优势来克服自身的缺点。如果完美主义阻碍着你的进步，那你就需要督促自己，去克服焦虑，去战胜因害怕做出错误决定而产生的恐惧，只有这样，你最终才能看到真正的进步。

第 5 章
蜜蜂人：视觉丰富、分类精细

现在，你也知道自己属于视觉丰富派了，所以，你不需要再浪费时间去设置那些隐藏式整理系统了。对你来说，它们并没有什么用。还不如去购买洞洞板、透明塑料盒、开放式置物架，当然啦，还有许多挂钩。只要你愿意，你仍然可以进一步对自己的整理系统做精细分类，但要注意，在你初次建立新系统时不要过度整理你的空间。我建议，刚开始最好使用一套分类简单的整理系统，这样你之后若有更多时间，可以再回头把家里的这些地方整理得更完美。

我爸爸是百分之百的蜜蜂人，从他车库的样子便能窥见他重视视觉丰富和分类精细的个性。车库里有一面巨大的墙，上面挂满了洞洞板。他在洞洞板上为每件工具都画出了轮廓。透明的罐子里装满了经过细致分类的钉子、螺丝、螺母、螺栓，而置物架上排满了垫圈。每样东西都有一个完美整洁的"家"。对父亲来说，车库便是他的乐园，但房子里的其他区域却不是，因为其他人不像他一样追求完美。

幸运的是，为了更好地适应家里的其他人，我爸爸已经调整了他天生以细节为导向的整理方式。这也正是我想要给你的建议。你可以花时间用详细、直观的方式设置属于你的个人空间，但对家中的公用空间，你也要确保自己有所妥协。

请记住，不要让自己因依恋某些有用的东西而导致无法使用自己的空间。要时刻提醒自己，只有专注于当下，你才会真的快乐。尽量不要只看单件物品，而是要把空间视作一个整体。如果有某样东西，是你在过去一年内都没有用到的，请允许自己不再为丢掉它而感到难过，要让自己继续前进。通过清除杂物，你将能拥有更多的自由时间，让自己忙碌的蜜蜂型大脑享受到更多的快乐。

清理杂物不仅能让你的家变得更实用、更富吸引力，它更是一种自我关照。不要低估乱糟糟的房间带来的压力。你值得拥有一个干净整洁的空间。身为蜜蜂人，你在灵魂深处渴望拥有秩序和条理。所以，花点时间为自己打造一个渴望已久的整洁空间吧。清洁、整理，然后开始真正享受你的家吧。

我绝不是在建议你变成一个极简主义者。让我们面对现实吧，蜜蜂人的东西真的超级多。我称他们为"忙碌的小蜜蜂"是有原因的！蜜蜂人往往有多种身份，比如企业老板、手工达人、业余爱好者……他们是那种既会认真工作也会尽情玩耍的人。蜜蜂人一般会有很多爱好，阅读是其中一种。如果有个蜜蜂人非常热爱阅读，那他很有可能会淹没在书籍、杂志或报纸当中。烹饪也是一种爱好，所以，在一些蜜蜂人的厨房里，会有所有可能用到的厨具。蜜蜂人几乎拥有各种东西，比如运动器械、拼贴素材、照片、美术用品、书籍、烹饪厨具、木工材料、家装工具，或是其他任何与其兴趣相关的用品。所以，往往在不经意间，这些东西就迅速占据了蜜蜂人的空间。

别担心，你不需要把这些东西都扔掉。你只需要简单地找出最近没有用过的东西，然后对这些东西做出艰难取舍；放弃完成一半的旧项目，来为更令人兴奋的新项目腾出空间；把重复的工具和材料都捐赠出去，从而让自己能更轻松地沉浸于爱好当中。如果你的兴趣爱好发生了转变，你不再享受它们，那可以把你以前的兴趣爱好介绍给你的朋友或家人。

第 5 章
蜜蜂人：视觉丰富、分类精细

除了上面这些，还有其他建议给忙碌的蜜蜂人吗？首先，拥抱"够用就好"的整理理念。比起将东西堆积起来，用一套"够用就好"的整理系统开始整理之旅会更好。当你有了更充裕的时间后，你可以随时回头调整整理系统。其次，尽量不要同时进行三个以上的项目。如果你有一个长期未完成的项目，也许是时候完全放弃它了，这样才能为更有激情的新项目腾出时间和空间。你是否有多年未使用的运动器材？虽然我知道很难，但也许是时候把这些东西都捐出去或者卖了，将腾出的新空间用于发展你真正享受的爱好，比如打造一个阅读区或手工区。现在，请你再认真想一想，你当真需要那么多锅碗瓢盆、螺丝刀、标签贴或书籍吗？

蜜蜂人的出发点是很好的，但一天的时间是固定的，我们能够完成的事很有限。即便有些东西可能还有用，但被它占用的空间可以用来放置更重要的物品。

蜜蜂人的整理诀窍

这里有一些专属于蜜蜂人的整理诀窍：

诀窍一：为你自己和你的家列优先事项清单。写下待办事项，按照事项的重要程度给它们排序。请记住，先做最重要的事情。确定以后，就要为你优先考虑的事腾出时间，先把这个任务完成，再开始新的任务。

诀窍二：洞洞板非常好用。对蜜蜂人来说，可以在家里多安装一些洞洞板。

诀窍三：**透明塑料盒、玻璃罐**……这些能让你一目了然的容器应该是你优先考虑的整理工具。

诀窍四：**购入开放式置物架**。因为你是视觉丰富派，所以你必须要有开放式置物架。可以说，开放式置物架是蜜蜂人最好的朋友。

诀窍五：**学会放手**。蜜蜂人会收集各种东西，但往往很少用到或者完全用不上这些东西。蜜蜂人总想留下一些东西，以防有一天会用到它们。但是，如果你不喜欢它们，而且已经一年没有用过了，那就把它们清理掉吧。

诀窍六：**学会做计划**。你的时间很宝贵，应该最大限度地利用它。所以要制订每日行程表、每日家务清单和每周家务清单。

诀窍七：**设置项目箱**。准备一个整理箱或置物篮，将当前项目所需的全部用品都装进去。当你完成阶段性工作后，把相关用品都放回项目箱，等下次工作要用时再取出来。这样一来，项目用品就不会碍事，你下次想接着做项目的时候，也不需要再翻找。

蜜蜂人话题现已接近尾声，我已经能听到你们当中有些人在抱怨："但你压根儿就没确切地告诉我，到底该如何整理我的家啊！我需要例子！"别着急，小蜜蜂，其实这正是你的问题所在！我也许有一个干净整洁的家，但我可以向你保证，你其实比我更有条理。

第 5 章
蜜蜂人：视觉丰富、分类精细

通过本章的学习，相信你已经知道了整理自己家的最佳方法：你只需放下恐惧，走上属于自己的整理之路。请相信自己的直觉，拿一些透明塑料盒，或者给你已有的整理箱或置物篮贴上标签，然后开始分类就行。不要再多想了！把你最常用的东西放在最好拿的地方。

冲啊，我忙碌的蜜蜂人朋友，去把自己家改造成整洁有序的避风港吧！要相信自己，相信你超级有条理的出色大脑。你绝对有这个能力。

让你摆脱混乱的
人生整理术

"蜜蜂人的感谢信"

　　我丈夫是蜜蜂人！这个描述实在太适合他了！他有三大嗜好，还有数不清的小兴趣。他东西的数量至少是我这个蟋蟀人的四倍，真的如此。多年以来，我一直在尝试解决他的混乱问题，为此，我曾尝试过许多种不同的整理术。在知道他的整理风格后，我们去购买用来收纳的容器，他想要透明塑料盒，我想要带有颜色编码和标签的不透明整理箱。现在，我找到了一个能让彼此都满意的平衡点：如果是开放式置物架，就用透明大手提袋，在袋子的正面贴上标签；如果是密闭式柜子，那就用打开柜门就能一目了然的透明塑料箱。谢谢你，昆虫小姐！

——一位不那么精致的妈妈，来自美国

　　天哪！我以为你会读心术！我百分之百是蜜蜂人。没错，我是一个完美主义者。没错，我很难把东西丢掉，因为我总想着它们有朝一日可能会派上用场！没错，我想要一套完美的整理系统，但在我腾出时间整理之前，我只会让杂物慢慢增多。书中说的就是我呀！感谢你的昆虫整理人格测试。现在，我完全了解自己了，也理解了为什么我的女儿们会用她们那种方式进行"整理"。因为我的两个女儿，一个是蜜蜂人，另一个是瓢虫人。现如今，我终于看到了整理成功的曙光！

——南希，来自澳大利亚

第 5 章
蜜蜂人：视觉丰富、分类精细

　　天哪，我到现在才知道自己是蜜蜂人，我终于明白自己为什么老拖着不去打扫，也不去清理杂物了。以前，我总是期待有一套完美的整理系统，但这一愿望似乎从未成真。在做了你的昆虫整理人格测试后，我认真审视了自己的办公室、手工室、书房……果然，这些地方的整理风格，都和蜜蜂人的整理方式相契合。我会把手工书放在这个书架，把食谱放在那个书架，这样的情况可谓比比皆是。就连我的小储藏室也显露出这种端倪。我将经常使用的东西放在最前面，并把它们分成很多小类别。亲爱的昆虫小姐，是你激励着我继续清理杂物，你解释和探讨整理的方式，让我认识到自己是蜜蜂人，而不是一个邋遢鬼。现如今，我在整理方面已经取得了不小的进步，我会再接再厉。谢谢你所做的这一切，你的行为令我十分钦佩。在我收到的众多整理建议中，你给的建议是最棒的。

——伊莎贝拉，来自美国

第 6 章

与蜜蜂人共处：
帮他们列优先事项清单

与蜜蜂人共处的黄金法则

○ 把常用物品放在显眼的地方。

○ 为蜜蜂人购置挂钩、洞洞板和开放式置物架。

○ 帮蜜蜂人列待办事项清单并排序。

○ 鼓励蜜蜂人清除杂物。

第 6 章
与蜜蜂人共处：帮他们列优先事项清单

蜜蜂人的忙碌生活

蜜蜂人的生活非常忙碌，他们的基本心态通常是"认真工作，认真玩"。同样，蜜蜂人也很有趣，他们总能激励到身边的人。如果你足够幸运，能与蜜蜂人一起生活或工作，你就能明白我在说什么。

当然，在蜜蜂人这一群体内部，他们的性格也千差万别。举例来说，有些蜜蜂人非常注重视觉，而有些蜜蜂人只需要把自己最重要的东西摆放在外面就好了。有些蜜蜂人是十足的完美主义者，而有些则学会了放低对自己的要求，更顺其自然。你在日常生活中遇到的蜜蜂人，无论他们对视觉效果和完美主义的追求到了何种程度，但有一点我可以确定，对于他们的基本人格特质，你一定深有体会：他们勤奋、有抱负、有创造力、富有条理，能做到一心多用。通常来说，蜜蜂人在生活中有很多事要做，而且这些事几乎总是同时进行的。

与蜜蜂人一起生活或工作，当遇到整理问题时，他们有时候会给人一定的压力。压力的大小取决于蜜蜂人在视觉上偏向完美主义的程度，以及这种偏向与你的性格之间的差异程度。从寻求帮助的蜜蜂人那里，我反反复复听到的最大问题是：他们喜欢把东西堆成许多小的杂物堆，并且，当有人想要移动这些堆积物时，蜜蜂人会感到厌恶。这种屯积习惯源自蜜蜂人的完美主义天性。身为完美主义者，蜜蜂人总想把自己的东西"完美"地收起来，所以，倘若当下没有足够的时间或空间，他们便会先把东西堆成整洁的小堆。

我懂这种感受，相信我，我真的懂。身为瓢虫人，对我来说，视觉上的混乱是最糟糕的。当我看到一堆东西时，我只想着把它们都藏起来。我无法告诉你，我曾多少次"帮助"我丈夫放好他的东西，然而，我这样做，却只会让他产生挫败感。我丈夫是一个完美主义者，在与他朝夕相处的十二年婚姻生活中，我明白了这样一个道理：不要将这些小杂物堆藏起来。对我的瓢虫型大脑来说，杂物堆看起来就像需要被快速清理的大麻烦。但对蜜蜂人来说，那些他人眼中的杂物堆，对他们而言却是重要东西的有序集合，他们日后有时间了会妥善处理。所以，与其将蜜蜂人的东西藏起来或乱丢掉，不如多多鼓励他们，帮助他们为这些东西找到各自的"宜居家园"，并为它们贴上清晰的标签。藏东西和乱丢东西，并没有从根源上解决问题，反而还会使蜜蜂人产生丢失东西的焦虑，并进一步加剧他们的堆积行为。

出于完美主义天性，蜜蜂人对与自己分享空间的人，通常都有很高的期望。蜜蜂人非常注重整理细节，对他们来说，使用复杂精细的整理系统可谓轻而易举，而且，他们还经常误以为其他人也能适应这种整理方式。如果你想尽力维持像蜜蜂人那样的高水平整理，那么你和蜜蜂人都会失望的。

第 6 章
与蜜蜂人共处：帮他们列优先事项清单

我以前有一位蜜蜂人客户，她是非常优秀的单亲妈妈，有三个十来岁大的孩子，我们在书中就称呼她为"贝萨妮"吧。她委托我训练她的孩子们，教他们如何收拾好自己的东西。其实，只要看一眼她的家，我就能理解她为何会认为自己的孩子没条理了。贝萨妮家里的所有东西，要么被完美地整理在堆叠式整理箱中，要么在置物架上完美排成排。举个例子，如果你需要用创可贴，你必须把放在"创可贴"整理箱上面的另外四个整理箱移开，然后查看各种密封袋，它们是按大小和类别一一排列的。这些步骤，光想想就已经让人望而却步了！

对贝萨妮而言，她的整理标准是很正常的，她轻轻松松就能做到。但对她的三个孩子来说，这就好像要求他们在后街男孩的音乐会上蒙着眼睛做微积分一样。请不要在意我的比喻，我只是想找一个听起来超级难的任务罢了。我想说的重点是，贝萨妮的孩子并不是因为懒惰才显得邋遢，他们只是没有以同样精细分类的方式来整理罢了。

的确，并不是所有蜜蜂人都像贝萨妮那样一丝不苟，但他们都想努力变成这样。这种对完美的追求往往会造成拖延。我经常听到蜜蜂人说："如果做不好，那做的意义又在哪里呢？"因此，即便在蜜蜂人这一群体内部也存在着明显的不同，有些蜜蜂人非常整洁、有条理，有些蜜蜂人却深受混乱问题困扰。

那么，该如何与蜜蜂人一起工作或生活呢？这里推荐使用两种方法：贴标签和列清单。对视觉丰富派而言，标签能帮助他们克服"收起"东西时产生的焦虑，甚至还能在潜意识中为他们提供整理的动力。至于列清单，可以说，没有什么能比一份清单更能激励蜜蜂人的了。清单能让他们保持专注，并且大大提高他们的工作效率。

不管蜜蜂人承不承认，相比其他昆虫人，他们其实更需要体系和惯例。如果没有简单可行的行动计划，他们对完美主义的追求便会像脱缰的野马一样完全不受拘束。制订每日计划、每周计划和每月计划有助于减轻与蜜蜂人一起生活或工作的压力。因为蜜蜂人通常都有很多事要做，所以花时间把想法写下来对他们很重要。蜜蜂人时时刻刻都在试图掌控自己的想法，所以只需花几分钟，把他们的想法写在纸上，就可以减轻他们的这种焦虑。同时在这一过程中，他们也能做自己最喜欢的事之一：规划并应用一套整理体系，并且规划的对象是时间和行动，而非物理空间。

对蜜蜂人来说，要让清单起作用的秘诀在于：确定待办事项的优先次序。蜜蜂人什么都想做！虽然几乎所有的蜜蜂人都是狂热的清单制订者，但这并不意味着他们目前使用的清单就是有效的。蜜蜂人必须将他们的事项按优先顺序排序。

女超人芭布的"懒人故事"

几年前，我有一位客户，我们可以称呼她为芭布，不管从哪方面来看，她都是百分之百的蜜蜂人。她聘请我协助她整理厨房。让我告诉你吧，我们的首次会面和她计划中的不尽相同。

芭布堪比女超人。她不只在家教四个孩子学习，还在做生意，并

第 6 章
与蜜蜂人共处：帮他们列优先事项清单

打理着自己的博客。简单说她有很多事要做——这样说可太保守了。

芭布最初想讨论如何用更有效的方式来重新整理她的厨房。虽然她家的厨房特别大，但厨房台面的每一寸空间都被杂物占满了。她有成堆的信件、孩子们的美术作品、烘焙用品、食物储存罐、手工材料，还有大量当前待办事项清单，数量之多，我前所未见。

我和新客户碰面的第一件事，一向都是坐下来与他们简单聊聊。从谈话中，我会找出他们对自己空间的要求，并协助他们确定哪些有用，哪些没用。我还想了解客户家庭的所有情况。在交谈的时候，我能做的最重要的事之一就是，帮助他们确认家里所有人的昆虫整理人格。

我花了不到两分钟，就弄明白了为什么芭布本身非常有条理，但她家的厨房却如此糟糕。原因就在于，芭布没有确定东西的优先次序。她什么都想实现，却什么都没实现！她完全转不过来，所以一直在白忙活。更糟糕的是，她不知道该如何停止原地打转。以下是我们的谈话内容。

我："请告诉我，你希望自己的厨房具备哪些功能，你想用厨房这一空间来做什么？"

芭布："嗯，一定要有烹饪功能，比如烘焙。我有四个孩子，我们一日三餐都在厨房的餐桌上吃。我还用厨房来经营餐饮生意，为客户制作蛋糕和纸杯蛋糕，通常来说，每个周末都有要完成的订单。

哦，对了，我教育孩子们时，也要用到厨房的餐桌。我还开了一个博客，所以我也在餐桌上写作。此外，我们在这里支付账单……我也喜欢在这里做手工……因为我一直在考虑从事餐饮生意，所以我还会在这里做很多研究。"

随着分配给厨房的任务越来越多，她的脸颊也开始泛红。她仿佛从来没有真正停下来，好好思考过她要在厨房做的这一切。当她终于花时间把这些都列出来时，顷刻间，她发现原来厨房早已处于超负荷状态。

芭布的厨房和大脑都处于崩溃边缘了。前面说的这些事，她每件都想做。但是，她对自己和厨房的这些期望并不现实。因此，我们并没有马上动手去整理她的厨房台面，而是静静坐下来，列了一份长长的清单，罗列出了她想用厨房做的所有事。

我："好的，芭布，我要你在清单上的每件事旁边写一个数字。数字 1 代表要在厨房里做的最重要的事，数字 10 代表最不重要的事。"

虽然她出于完美主义，想在所有事旁边都标上数字 1，但她还是不太情愿地按照重要程度对这些事进行了排序。"哪些事是每天必须完成的？""哪些事有截止日期和外界期望？""哪些事不能在其他空间完成？"通过询问她这些问题，我协助她确定了每件事的优先次序。我们来浏览一下她的清单：

1. 做饭；

第 6 章
与蜜蜂人共处：帮他们列优先事项清单

2. 吃饭；
3. 制作客户订的蛋糕；
4. 整理蛋糕订单；
5. 家庭教育；
6. 写博客；
7. 网上冲浪；
8. 做手工；
9. 支付账单；
10. 规划新的餐饮业务。

我们一旦将她清单上的事项按优先级排序后，再与她追求完美的大脑沟通起来就容易多了。

我："芭布，我们必须找到一个厨房以外的空间，好将清单下半部分的事安排在那里去做。让我们参观一下你家，看看能想出什么办法。"

厨房旁边是一间宽敞漂亮的正式餐厅。当我询问它的使用频率时，芭布不好意思地承认，每年只在大型晚宴时使用几次。芭布非常想要一间正式餐厅，所以并不想在其他时间使用它。但现如今，她有了优先事项清单，从中可以很容易看明白，拥有一个家庭教育空间远比在家里闲置一个房间更重要。

芭布聘请我来整理她的厨房，而我们却把她的餐厅改造成了家庭教育室，同时，这里也成为她撰写博客和支付账单的办公室。我们安装了从宜家购买的落地开放式置物架，用来放置孩子们的学习用品和手工材料。我们甚至把棋盘游戏和一些玩具搬进了这个空间。改造完成的最终效果是：她有了一个可供孩子们好好享受的、宛如真正教室的华丽空间。我们还购买了一张大书桌，这样，当孩子们写作业时，芭布就能处理她发展得越来越好的博客和生意业务了。

随着学校用品和文件资料从厨房搬进全新的专属空间后，芭布的厨房现在旧貌换新颜，有足够的空间用来烹饪，供一家人享受晚餐了。

通常来说，像芭布这样雄心勃勃的人往往会有这样的缺点：想要同时做好许多事，但到头来反而会一件事都做不好。对芭布来说，她的首要任务是做一位出色的母亲、经营一家成功的蛋糕店、撰写博客，所以，她决定把时间和精力都放在这些事上。我鼓励芭布把她开办餐饮业的梦想放一放，专注于当下。她同意了，但她并没有放弃这个梦想。她只是把它暂时搁置了，等到时机成熟后，她会再次把它移到自己的优先事项清单里。

在我来之前，为了能让自己的厨房有更多的空间，芭布花了好几周时间来思考整理锅碗瓢盆的最佳方式。她浪费了无数个小时去研究最适合装孩子学习用品的整理盒。整理时，她往往沉溺于细枝末节，以至于无法看清全貌。虽然芭布花了不少时间，但实际上，对于自己的整理目标，她并没有取得任何实质性进展。

第 6 章
与蜜蜂人共处：帮他们列优先事项清单

不要着急，花些时间，往后退一步，制订好计划有助于你关注全貌。在芭布确定优先事项后，解决方案其实也就呼之欲出了。

对于注重细节的人来说，他们很容易迷失其中。你身边可能就有蜜蜂人，或许他们也可以退后一步，重新评估一下自己的家、工作空间，甚至待办事项清单，进而从中受益。当有人迷失在犹豫不决的迷宫中时，你能做的最好的事，就是温柔地伸出手，为他们指明出路。你也可以协助蜜蜂人制订优先事项清单，并鼓励你身边的蜜蜂人，为整个整理项目撰写一份计划。

学会折中

如果你想与不同整理风格的人和谐相处，请记住我在第 4 章中概述过的黄金法则。当不同整理人格者共享同一空间时，我建议优先采用视觉丰富、分类简单的整理系统。

举例来说，相比要求渴望丰富视觉的人，比如蜜蜂人和蝴蝶人，让他们学着把外套放在衣柜里，要求渴望简洁视觉的人，比如蟋蟀人和瓢虫人，让他们违背自己的天性，学着把外套挂在衣钩上，显然要容易得多。同样，与其让需要分类简单的人，比如蝴蝶人和瓢虫人，去做复杂的分类，不如要求渴望分类精细的完美主义者，比如蟋蟀人和蜜蜂人，让他们降低对自己的期望，选择更为简单的分类方法。我的许多客户在遵循了这一法则之后，已经取得了令人难以置信的效果。当然啦，我知道这很难，但你需要敞开心胸，有所妥协。

让你摆脱混乱的
| 人生整理术

在与蜜蜂人共同生活的例子中，这种妥协会要求非蜜蜂人保持一种更加注重视觉化呈现效果的整理方式。然而，如果蜜蜂人的伙伴恰好是瓢虫人或者蝴蝶人，就该蜜蜂人来适应整体整理系统了。虽然这套系统依然属于视觉系统，但它结构更简单，从而能适应另一种昆虫人。

如果你读到这里，发现自己需要为生活中的视觉简洁派昆虫人，比如蟋蟀人和瓢虫人让步，还请不要灰心。我绝不是说你家里的所有东西都必须用视觉丰富的整理方法。不过，我确实建议在墙上挂一份家庭日历，并将收到的信件、钥匙、钱包和其他日用品放在显眼的地方。相信我，你可以在为你身边的蜜蜂人保持一套视觉整理系统的同时，依然拥有一个清爽的家。选择简单的色系，并购买带有清晰分类标签的配套整理盒。想想你身边的蜜蜂人堆放东西的"重灾区"，试着为他习惯堆积的东西创建一套视觉系统。对蜜蜂人而言，挂钩、洞洞板和开放式置物架是简单有效的视觉整理系统，效果非常好。

如果你是蝴蝶人或瓢虫人，你可能需要提醒你身边的蜜蜂人：你不是一个注重细节的人，你很难跟上他们的整理标准。请开诚布公地谈论你们之间的分歧，这有利于找到折中的办法。

如果你像我一样，看到家里有点儿乱就会感到焦虑，那么你可以向你身边的蜜蜂人解释一下，他们的堆积物给你带来了压力，建议他们考虑用整理箱或大置物篮放堆积物，直到他们有机会好好整理为止。

记住，如果你没有知会他们，就把他们的东西胡乱塞进壁橱或抽

第 6 章
与蜜蜂人共处：帮他们列优先事项清单

屈里，会给他们造成压力，这种感受与你对他们混乱堆积物的感受一样，甚至可能更严重。

问题的关键在于如何学会折中，但是，没有总能让所有人都满意的完美解决方案。要想让不同整理风格的人和谐相处，这需要彼此平衡好付出与收获，需要尊重、耐心和多次开诚布公的沟通。

蜜蜂人必须克服自身的最大障碍：不愿清理东西。让我来告诉你吧，大多数蜜蜂人都很难清理自己的东西。对蜜蜂人来说，每件东西都有其可被感知的价值或意义，把一些东西捐出去或者扔掉是一种浪费行为。

想要减少清除杂物时产生的焦虑，需要多加练习，以及多一点儿耐心。我建议你慢慢开始，一步一步来，从明显是垃圾的东西开始着手清理。你身边的蜜蜂人每次清理东西时，不管你觉得这件事多小或多没意义，都要尊重并鼓励他们。当他们扔掉旧杂志时，要祝贺他们，或者主动帮助他们对生日贺卡进行分类，并清理掉那些没有特别手写内容的生日卡。我可爱的祖母也是蜜蜂人，她曾经保留着自己收到的每一张贺卡，因为如果把它们丢掉，她会为此感到内疚。但后来，在一些温和话语的劝说下，她终于清理了数百张不同商家寄来的贺卡，其中没有一张来自家人和朋友的手写贺卡。

你的支持和鼓励将会帮助蜜蜂人克服他们与物品之间的非理性情感联结。随着时间的推移，清除杂物时的恐惧和焦虑都会慢慢消退，你身边的蜜蜂人也将有能力去控制自己原有的囤积习性。

相比其他昆虫人，蜜蜂人是最难清除掉无用杂物的，话虽如此，但要他们丢弃无用的杂物也不是不可能。我有一些蜜蜂人客户，他们现在转变成了彻底的极简主义者。其实，很多专业整理师本身就是蜜蜂人。

所以，当蜜蜂人下定决心要做某事，再加上有强有力的后援力量时，那么一切皆有可能。

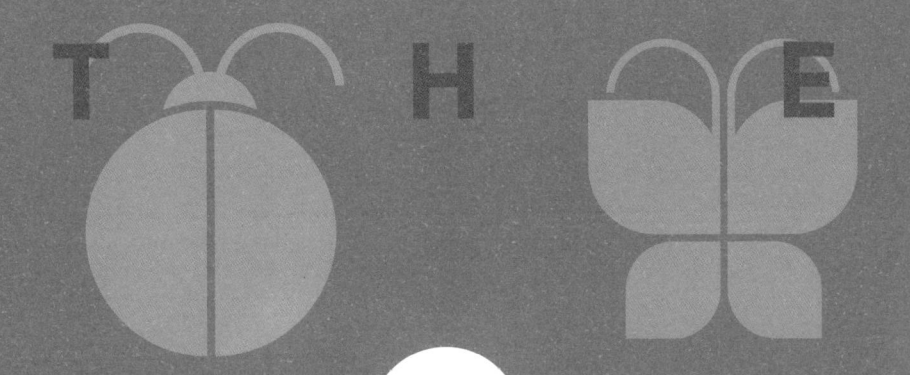

第 7 章

瓢虫人：
视觉简洁、分类简单

瓢虫人的整理诀窍

○ 定时整理，定期清理。

○ 使用抽屉分隔板、开放式整理盒、漂亮的置物篮。

○ 创建日程表，放在透明的活页夹里。

○ 为物品划分专属存放区。

第 7 章
瓢虫人：视觉简洁、分类简单

瓢虫人的思维

我选择瓢虫来代表视觉简洁、分类简单的整理人格，有一个明显的原因：瓢虫的外壳美丽、闪亮、完美，壳下面却没那么美好。你见过瓢虫张开翅膀的样子吗？它全身黏糊糊的，翅膀也皱巴巴的。你可以上网查阅相关图片。说真的，瓢虫可谓这种整理人格的完美代言人！

瓢虫人如谜一般。他们大多无忧无虑、开朗外向，但同时也有点儿神经质，是非常喜欢待在家里的人。请细想一下，你是那种外向却从来不想踏出家门的人吗？你是那种爱玩、无忧无虑但也会为台面上的脏盘子而感到压力爆表的人吗？是的，瓢虫人就是这样的人。

像蝴蝶人一样，瓢虫人思考时也更侧重于事物的全貌。瓢虫人是生活梦想家，他们很少停下来，去关注生活中的小细节。瓢虫人天性爱玩，他们在做事时很容易分心，总是不停地随意切换任务，所以，他们需要简单易行的整理术来让自己保持专注。瓢虫人无忧无虑、追求丰富度的天性，与他们期望得到的环境面貌形成鲜明对比。瓢虫人渴望简洁的视觉，又追求人生的丰富，为此，他们会感到相当焦虑。

通过前面章节，我们可以知道，世界上有两种人：一种人喜欢看见自己的东西，另一种人不喜欢看见自己的东西。瓢虫人无疑属于后者，而且还很极端。身为瓢虫人，绝不意味着你得变成极简主义者。我指的不是你家的装饰品或家具会是极简风，而是那些外表不一定美观但我们每天都可能用到的东西，比如卷发棒、待支付账单和维生素瓶子等，对于瓢虫人来说需要全部被收起来，离自己的视线越远越好。

现在，让我来告诉你瓢虫人最令人尴尬的秘密：瓢虫人的家可能看起来非常整洁，但其实都是假象。

虽然这话听起来可能很刺耳，但我并非信口开河，我这样说有充分的理由，因为我自己就是非常典型的、教科书式的瓢虫人。我把自己的所有东西都放到了看不见的地方，对整理工作来说，我这种"把东西塞到床下就行"的心态，是一个十分不利的因素。

对蜜蜂人和蝴蝶人这样的视觉丰富派来说，把重要的物品放在看不见的地方，只会让他们焦虑。瓢虫人则与之相反，把太多的东西摆在外面，会让他们很恐慌。还请不要误会我的意思，在朋友来家里拜访前，几乎人人都会清理或收起自己的杂物，但这并不表示这样做的人就是瓢虫人。对于真正的瓢虫人来说，即使没有人来家里拜访，他们也会这样做。瓢虫人希望自己的空间能够一直保持整洁，只有这样，他们的心才能平静。但瓢虫人这种想把所有东西都收起来的冲动，可能会迫使他们藏起自己重要的东西，甚至让他们无法在家里使

第 7 章
瓢虫人：视觉简洁、分类简单

用或找到任何东西。正是因为这个原因，才使他们看起来整洁的家成为一种美丽的幻觉。

这种把杂物藏起来的偏好并不一定是坏事。我们只要在隐藏杂物的区域，使用正确的整理系统，就可以毫不费力地维持一个整洁的家，甚至连那些很难整理的抽屉、衣柜和其他储存空间，也能轻松整理好。这就是整理的秘诀所在：要找到和自己整理人格相契合的整理系统。

我是瓢虫人

我特别追求视觉的简洁，运用柔和协调的色彩和大量的对称，能够让患有 ADHD 的我保持平和冷静。就连排列沙发上的抱枕或壁炉上的画框时，我甚至都可能有一点轻微的强迫症表现。在生活中，我是有名的强迫症患者，我每天都要将浴室的毛巾调整对齐很多次；此外，我也不能忍受家里有烧坏的灯泡，如果家里灯泡坏了，我的眼皮马上就会跳得很厉害。

虽然我对自己家有一种执着的愿望，希望它看起来漂亮又完美，但这只限于家里清晰可见的区域。在门后面等看不见的地方，我乱塞东西的天性肆意张扬，所以，这些看不见的区域往往一片狼藉。

我是个邋遢大王。在二十岁左右，我会将杂物扔得到处都是。在当时，我的瓢虫型思维完全被青少年时期的焦虑所掩盖了，在成堆的杂物中，我只有挤出一条实打实的小路，才能勉强来回走动。到二十五岁左右，我已经完全发展成囤积大王了。我设计的"房间清洁"程序，是把杂物塞进我能找到的每一个隐藏空间，比如壁橱、抽屉等。在我囤积大王的狂野灵魂面前，没有什么东西能够幸免。要找重要的文件？只能在那塞满乱七八糟东西的抽屉里找，祝好运。要找干净的衣服？嗯……建议找的时候最好多闻闻，因为它们都被放在衣柜底部，与还未清洗的脏衣服混在一起。

当然，瓢虫人的疯狂也有程度之分。对有些瓢虫人来说，每次打开柜子时，都会有堆积如山的杂物掉落出来；而有些瓢虫人则相当整洁，只有偶尔几个看不见的地方会出现杂物。

总之，身为瓢虫人，无论你目前的混乱状态如何，但请记得，在整理方面，我们都有这样一种相同的特质：我们需要简洁的视觉和简单的分类。

对我和我所有的瓢虫人同伴来说，我们需要的整理方案要非常简单易行，只有这样，我们才能在日常生活中真正用到它们。举个例子，对我来说，收起信件的步骤，最好能像将信件塞进抽屉一样简单。不然，我可能真的会把它直接塞进抽屉。过去，我曾尝试过使用各种绝妙的整理系统：档案柜、整套档案夹、电脑桌面上命名详细的文件夹。我偶尔会用这些分类系统，但是，如果我每天都用，我的注意力就很容易被分散，我没办法花时间去进行细分。对我们瓢虫人来说，重要的是事物的全貌，而不是小细节。

当我意识到，一套简单、不太注重细节的整理术，是我能够长期保持家里整洁的唯一方法时，我的混乱问题才真正迎来了转变。最

第 7 章
瓢虫人：视觉简洁、分类简单

终，我不再试图模仿他人，放弃了有用的注重分类和细节的整理系统，并开始取得实质性进展。

对我来说，拥有一个漂亮的家非常重要，所以，我最大的爱好就是自己动手做装饰和整理。我非常努力地想要维持家中表面的整洁，但这也意味着，在看似整洁的家中，混乱的可怕暗流实则在不停涌动。说真的，我自己都不知道哪样东西放在了哪里。从来都是这样。我每天都会弄丢东西，于是不断地浪费时间把所有东西从柜子里拉出来；一旦找到要找的东西后，就又把剩下的全部塞回去。我非常清楚地记得那种恐慌感：我马上快迟到了，却怎么都找不到钥匙、钱包或其他重要的东西。我四处翻找，真的快把家都拆了，等找到东西后，我还得花更多的宝贵时间把其他东西再藏起来。每天，我都在玩这种荒谬的捉迷藏游戏。

说实话，我曾以为，一定是有陌生人、某个邻居或者我的前男友闯进我家，偷走了我那些找不到的东西。到底是什么样的怪人，才会在迟迟找不到自己左脚的鞋子后，觉得一定是有人把它偷走了？我就是那个怪人。每周，我都会因这些随机想象出来的"盗窃行为"而抓狂。相比事实，这种归因于他人的想法总是更容易让人接受。事实上，我的东西从来都没有被别人盗过。我之所以找不到任何东西，就在于我是一个极其邋遢的人，我的房子完全就像一个猪窝。

全职妈妈琳达的"懒人故事"

迄今为止，我最喜欢的客户是琳达。她同我一样，也是瓢虫人。

让你摆脱混乱的
人生整理术

琳达是一位忙碌的全职妈妈,她有两个小男孩。和我一样,她非常喜爱和家庭装饰有关的东西。当我首次去她家做整理咨询时,我差点儿惊掉了下巴。琳达家的房子真是太漂亮了!她家不仅有方格天花板,手工硬木地板,还有多到足以让乔安娜·盖恩斯[①](Joanna Gaines)都自愧不如的木兰花环。总之,琳达家一尘不染,简直美到令人屏息凝神。

说实话,当时看到琳达家以后,我的心沉了下去。眼前的这位客户,她的生活已经明显达到了玛莎·斯图尔特[②](Martha Stewart)所要求的完美水平,我哪里还能帮得上忙呢?

在她带我穿过她那美到足以登上杂志的农舍风厨房、进入清爽的大房间时,我们礼貌地聊着天。因为我是个口无遮拦的直性子,所以,我冲动地脱口而出:"琳达,我感觉自己帮不了你。这完全超出了我的能力范围。平时,我都是用'十元店'买来的垃圾桶整理自己家;但现在看来,你家已经整体领先我家很多年了。"是啊,我在自己家的那种局促感,外加我购买所有的东西时走的都是低价路线,这些都让我觉得自己没资格帮助她。

我这番不专业的言论,并没有让她感到惊讶,她反而一边笑,一

---

① 美国知名风格设计师、"木兰花"居家生活网的联合创始人,著有家居装修类图书《木兰花的故事》(*The Magnolia Story*)、食谱类图书《木兰花餐桌》(*Magnolia Table*)。——编者注
② 美国知名女企业家、知名模特、家政女王,著有家居类图书《娱乐》(*Entertaining*)。——编者注

第 7 章
瓢虫人：视觉简洁、分类简单

边指了指她位于走廊上的衣柜。"我们再去瞧瞧衣柜里面吧。"她咯咯笑道。当我推开她那如杂志图片般精美的谷仓式衣柜门时，我终于松了一口气。原来，琳达和我一样，也是个邋遢大王。

虽然琳达家表面看起来非常干净整洁，达到了我梦寐以求的程度，但实际上，她的衣柜里满是垃圾。当我看到这些垃圾时，我立刻就明白了，我俩是非常相像的闺蜜。除了衣柜里乱七八糟外，她的柜子和抽屉里也塞满了文件、空整理盒，以及你能想到的其他东西。我们居然在她柜子里的一个沙拉碗中，发现了她儿子的脏足球衣。见此，她大喊道："原来我把它放到这里了！它已经失踪两周了。"在琳达家里，任何东西的存放方式都毫无规律可言，她也承认，自己总是会花好多时间寻找丢失的东西。

那么，问题来了，一个这么在意自己家面貌的人，怎么会把脏衣服塞进衣柜呢？答案其实很简单：因为琳达是瓢虫人。

瓢虫人经常会陷入这样的恶性循环：他们会花很多时间去收拾和翻找丢失的东西，以至觉得自己没有时间，把每样东西都拿出来一一整理；而正因为没有做好整理工作，他们又得不停地继续收拾和翻找东西。

就琳达来说，她平均每天都要花上三四个小时来清扫、整理自己家。她把所有杂物都塞进角落、藏起来，她只想让东西远离自己的视线，眼不见为净，却没有找一个固定的地方来放置它们。这样做的结果便是，那些关起来的门后面总是乱七八糟，她也因此浪费了更多时间来翻找日用品。

我之前已经说过问题的根源了，所以，你现在应该不会对此感到惊讶：琳达和我的困境在于，我们瓢虫人无法按照传统的整理方式来整理。过去，琳达和我都尝试过数百种整理工具和复杂的整理系统，但结果总是让我们失望。我俩都认为自己天生邋遢，所以，很早之前便放弃了整理。

这正是琳达向我寻求帮助的原因。她已经厌倦了这种捉迷藏游戏，她现在只想彻底变成一个擅长整理的人。当我们坐下进入咨询流程时，同询问其他客户一样，我照例问了她这样一个问题："就目前来说，哪些整理方式对你有效？"她接下来的回答确实让人心碎。

"都没用，"她强忍泪水，哽咽着说，"你是我聘请的第三位专业整理师了。前两位女士真的很棒，她们在我所有的柜子里都建立了完美的整理系统。你真应该看看我的食品贮藏室，它真的很漂亮。我已经花了几万元，但还是无法让任何东西保持整洁。"琳达说这番话时，避免与我进行眼神交流，我心里非常清楚，此时，她的心情一定是羞愧无比。

看到眼前这位才华横溢的美丽女性，她的自我感觉如此糟糕，说真的，我的灵魂受到了深深的冲击。我完全清楚她的感受，因为我曾经也是这样。作为全职妈妈，我很大一部分工作是将家打理得井井有条。保持房子的整洁看起来很简单，所以当失败接踵而至时，你难免会觉得自己很失败。

第 7 章
瓢虫人：视觉简洁、分类简单

琳达为自己家感到自豪，她努力让它光鲜亮丽，但事实上，尽管她花了大量时间、精力和金钱，她还是无法让家里保持整洁。

"琳达，"我说，"你一点儿都不邋遢。你也不是没有条理。那些整理系统之所以对你不起作用，原因就在于，它们和你的整理风格并不契合。你是瓢虫人。"

每当我遇到深受混乱问题困扰的人，有能力向他们解释不同的整理风格，以及他们过去失败的原因时，我都会惊叹于这种经历的奇妙。从他们眼中，我看见了希望之火，看见他们原先对自我的厌恶开始烟消云散，取而代之的，是他们长期找寻的自我意识。当一个人最终了解了自己，意识到问题不是出在自身之后，他便会昂首挺胸，笑得更灿烂，眼睛也会在瞬间明亮起来。

我和琳达的第一次见面虽然只是一次初步咨询，但我还是决定花几分钟，将走廊上的衣柜改造一下，作为送给琳达的见面礼。我们推开衣柜门，把堆积如山的东西全部拉出来，堆放在地板上。在成堆的冬衣、散装卫生纸、巨大的薯片袋、数盒灯泡和塞满杂物的袋子下面，我发现了一套衣柜整理系统。在这些置物架上，放有几十个贴有标签的漂亮小整理盒，它们被完美整齐地排放在一起。其中，光是用来装灯泡的整理盒就有六个，它们可以装不同类型和样式的灯泡。此外，还有专门用来装清洁海绵的整理盒，装微纤维布的整理盒，甚至就连每一种型号的电池，都有它们专属的整理盒。没错，七号电池就单独被放在贴有相应标签的漂亮整理盒里。那么，我注意到的另一件事是什么呢？有些灯泡和电池，压根儿就没有被放在整理盒里，而是被放在了整理盒的前面或上面。

"那是上一位专业整理师创建的整理系统,"琳达羞涩地说道。当她的视线从那堆漂亮整理盒移向地板上的那一大堆东西后,她的脸颊开始羞红:"我用那套系统甚至坚持不了一周,就又开始把东西往柜子里塞了。"

我认为,专业整理师的问题就出在这里:他们整理的对象往往只是家里的东西,而不是整个家。身为瓢虫人的琳达,绝对不会花时间先打开整理盒,再将东西分好类,最后把它们放入分类精细的整理系统中。琳达需要的是简单、快速、易上手的整理术。至于整理盒盖,琳达的整理盒上,一个盖子都不能有,因为她几乎不会花时间打开盒盖。所以,对琳达来说,她需要的是能在瞬间将东西丢进去"藏"好的整理系统,但这套系统要有一定条理,只有这样,她以后才能轻松找到这些东西。

我无法告诉你,我曾听过多少这样的故事:很多家庭都曾花大价钱购买专业的整理服务,但基本在短短一周以后,便宣告失败。如果你或你聘请的专业整理师不了解哪些系统适合你和家人的整理风格、哪些不适用,那就只能以失败告终。

我之所以临时决定要帮琳达整理衣柜,就是想向她展示,一套简单易上手的整理系统,就能满足她全部的整理需求。我们放弃了那些漂亮整理盒,转而让她拿了一些原本放在地下室的大置物篮和整理箱。说实话,这些容器和琳达的物品一点儿都不搭,所以,当我开始

第 7 章
瓢虫人：视觉简洁、分类简单

把物品装进与之不相匹配的容器中时，我能明显察觉到琳达眼中的恐慌。

我向她保证："这只是暂时的。一旦我们搭建起一套适合你的整理系统，你就能去购买配套的漂亮容器啦！要先讲究实用，再谈美观。"

琳达解释说，她想把这个衣柜用作储物间，用来存放她购买的大批食品、清洁用品、纸制品、电池、灯泡和其他家庭用品。

当我把分类好的灯泡盒全部倒入一个大整理箱时，琳达的表情极为有趣。当我用标签贴和记号笔给整理箱贴标签时，她更是显得惊恐万分。虽然她的衣柜目前看起来一团糟，但我心里明白，只有这种方式才对她有用。

我们把冬装大衣搬到了专门用来放待清洗衣物的区域，并为衣柜里其他"无家可归的杂物"找到了"家"。像灯泡、电池、清洁用品和纸制品这些东西，我将它们简单分类以后，放进了大整理箱。置物架的顶层和底层，刚好可以用来放置大箱散装食品和卫生纸。最后，她甚至还得到了一个空出来的置物架。

现在这样，衣柜虽然看起来并不美观，却很整洁。这便是简单整理术的魔力。一开始，琳达还不相信。

"但现在这样，当我需要电池时，我就得去整理盒里翻找我需要

117

的型号了。"她抗议道。

"没错，找电池时你会多花几秒钟，但当你把整包电池放回原处时，你会节省更多时间。因为对你而言，放东西要比找东西难。"我努力让她放心。

我从衣柜里将装电池的整理盒拉了出来，取出一包电池，然后把整理盒放回置物架上。当我把电池递给琳达时，只说了一句："现在，请把它收起来。"她立刻就明白为什么这种方法对她有效了。她无须离开自己的位置，便能用最小的力气，把那包电池重新丢回整理盒。

那天离开琳达家时，我并不知道她会不会再联系我。现在，她位于走廊的衣柜里装满了风格迥异、大小不一的整理盒，整理盒上还贴有分类标签，标签内容也是由我潦草书写而成的。这与其他专业整理师为她设计的精致整理系统相比，简直有天壤之别。

整整一周以后，琳达才再次联系我。她给我发来了电子邮件，要求我协助她整理家里的全部区域。在我们第二次会面时，她兴奋地打开了我们上次临时整理过的衣柜。那些风格不一的整理盒，换成了一整套漂亮的置物篮，上面还贴有漂亮的标签。这样的效果真令人惊叹，但其整理方式仍然与上次的完全相同。琳达保留了大而简单的分类，因为这种分类法对她和她的家人来说效果显著！

我花了两个月时间，协助琳达对她家里的每一个隐蔽空间进行改造，将其打造成整理乐园。琳达在室内装饰方面非常有天分，在她的精心设计下，每个柜子都焕然一新，美到足以在网络上分享。同时，对她和她的家人来说，这套分类简单的整理系统既有效，又好用。我努力帮助琳达发掘其内心潜藏着的整理专家的那一面，我享受此过程中的每一刻。此时，她的人生开始改变，她所经历的这种体验，同我初次学会整理时感受到的一模一样：时间变多了，压力减少了，人变得更自信了。

现如今，琳达不再需要每天花几个小时来整理或寻找丢失的东西了，所以，她决定好好利用这些多出来的空闲时间。她成了一名室内装饰师，开始发展自己的副业。我们至今还保持着联络，她的生意蒸蒸日上，她本人也容光焕发。我很荣幸自己能够促成琳达完成这一惊人的转变。

虽然不是所有客户都像琳达那样，开创了自己所梦想的事业，但大家都认识了自己的整理风格，进而改变了自己的生活。我必须再三强调，整理的目的在于：让自己的生活更轻松，压力更小。整理的重点在于：从忙碌的生活中，为自己腾出更多宝贵的时间和空间。只有这样，我们才能专注于那些带给自己快乐的事上。

剖析瓢虫人

还未确定自己是不是瓢虫人吗？下列是瓢虫人最常见的几种人格特质：

- 瓢虫人渴望拥有干净整洁的家，但他们的柜子和抽屉却常常一团糟。

- 四处乱丢的东西和乱七八糟的成堆杂物，会让瓢虫人感到有压力和焦虑。

- 瓢虫人口中的"打扫房子"，通常是指把东西塞到看不见的地方。

- 瓢虫人不需要把东西摆出来，也能记得自己有哪些东西。

- 对瓢虫人来说，分类精细的整理系统，如档案柜或堆叠式分类整理盒，使用起来很不方便。

- 瓢虫人会经常移动或藏起他们的东西，这往往会让家人不开心。

- 瓢虫人喜欢用成套的漂亮置物篮或整理箱，把他们的家庭用品装好后藏起来。

- 即使没人来家中拜访，瓢虫人也会把邮件、药品和浴室用品藏在看不见的地方。

- 对瓢虫人来说，如果没有适合自己的整理系统，他们就很难维持密闭式储存空间的整洁。

瓢虫人的优势

通常来说，瓢虫人在设计上独具慧眼，他们喜欢把自己家布置得漂漂亮亮。他们也不介意卷起袖子做家务或大扫除。这是一个巨大的优势！因为你已经养成了清洁和整理的习惯，而其他昆虫人却不具备这种优势，这往往是他们整理之路上的障碍。一旦你家采用了合适的整理系统，你就能不费吹灰之力地维护好它。

第7章
瓢虫人：视觉简洁、分类简单

追求简洁也是一个巨大的优势。在我们生活的这个世界里，几乎人人都在与内心的完美主义斗争，而你则能看到更完整的全貌。你的大脑会自动将事物分为大而简单的类别，这样，你便自然而然地简化了生活。你的大脑不会去关注每个小细节，也就不会因此而产生压力，这让你能够专注于其他事，比如说把事做完。瓢虫人可以在短时间内完成很多事。

真正的瓢虫还会一件很酷的事：无论你在纸上画出什么样的线条，它们都会沿着线条走。这真的很奇妙！在网上搜索可以找到相关视频。我初次看到这类视频时，感觉自己选择瓢虫来代表这种整理风格的理由更充分了。只要一套整理系统够简单，瓢虫人开始实行计划后，就能很好地遵循和维持这套整理系统。这也是瓢虫人真的很适合使用日程表的原因！

最终，当我开始使用分类简单的整理术整理我家之后，我家就开始保持整洁了，简直像被施了魔法一样。刚开始整理时，我刻意放慢步调。我大概每周只花十五至二十分钟整理家里，之所以这样做，是因为我需要一段时间让自己逐步变得独立自信。说实话，我花了整整一年时间，才把所有的衣柜、抽屉和储存空间整理好，让它们适配我的瓢虫型思维。你整理自己家需要多长时间，完全取决于你为此投入了多少精力，以及你有多少东西。有些瓢虫人可以用一个周末就把家里全部整理好，而有些瓢虫人喜欢慢慢来，一次做一点儿，就像我这样。

现在，我终于将自己家整理好了，而且维持起来也毫不费力。和

让你摆脱混乱的
人生整理术

从前相比，我现在打扫家所用的时间变少了，只占以前的一小部分。我也不会再弄丢东西了，因此，以往感受到的压力和焦虑也减轻了很多。最重要的是，现在，我有更多时间可以分给我爱的人和事。如果只是简单地说"按照自我风格来整理"的整理理念改变了我的生活，其实还是低估了它的效果。我相信，它也会给你的生活带去同样积极的影响。

你可以把这看作一种投资。你在整理、清除某处空间的杂物时所花的每一分钟，都将为你的人生省下数个小时。相信我，你会更快乐、压力更小，同样，你的家人也会受到积极影响。因此，请在今天抽出一些宝贵的时间，设置一些瓢虫人亟需的整理方式吧！

瓢虫人的整理诀窍

这里有一些很适合瓢虫人的整理诀窍：

诀窍一：安排一小段固定时间来进行整理。即使每周整理三次，每次十五分钟也行。一次整理一个抽屉或柜子就好。瓢虫人需要快速简单的计划，来保持整理的动力和势头。

诀窍二：使用抽屉分隔板或小型开放式整理盒。把喜欢的东西分组放在抽屉里，比如电池、笔、工具、珠宝、化妆品、胶带、手工材料等。使用分隔板或整理盒，意味着你只要打开抽屉，便能轻松把东西物归原位！

第 7 章
瓢虫人：视觉简洁、分类简单

诀窍三：买一些开放式整理盒。 如果你很难把东西收起来，那你就不会去整理。要确保你用的整理术简单好用，在抽屉、柜子和其他需要的地方，使用开放式整理盒吧！

诀窍四：漂亮的置物篮是你最好的朋友！ 瓢虫人喜欢清爽迷人的家。置物篮可以让你家看起来美丽整洁，同时也能用来轻松整理小物品。用整理盒来存放玩具、报纸、食谱、办公用品以及更多东西吧！购买成套的同色系置物篮和整理盒，它们可以让瓢虫人拥有最简洁的观感，同时提供给他们急需的快速整理术。

诀窍五：创建日程表，放在透明的活页夹里。 带透明塑料套的漂亮活页夹是存放重要家庭文件的好工具，比如日程表、日历、电话簿、食谱、优惠券、学校通知，还有孩子们的美术作品！赖德·卡罗尔（Ryder Carroll）创造的子弹笔记是做计划的好选择，你可以按照自己喜欢的方式来创建时间表和安排计划。

诀窍六：在家中为物品划分专属存放区。 整理成功的关键在于，给所有东西找一个"家"，然后，你就会自然而然地放好每样东西了。此外，还要尽可能确保这些物品的"家"就在它的使用区域附近。你平时会在厨房里的桌子上写作业、做手工吗？如果是，那就确保你的家庭作业和手工材料都在厨房里。最好规划出一些日常活动区，并整理出与活动相关的东西，将活动区和物品存放区规划在一起，这样就能确保清理工作总是快速而高效。比如手工区、家庭作业区、玩具区、阅读区等。

123

让你摆脱混乱的
人生整理术

诀窍七：经常清理不用的东西。每月定一个时间，清理出不再使用的物品，将其捐赠出去。你柜子里的东西少了，自然更易保持整洁。

善用置物篮和整理盒

置物篮和整理盒是瓢虫人的秘密武器。一定要在家里多放一些漂亮、可配套的无盖篮！每个置物架、每间壁橱、每个抽屉都应该有整理格，这样，你就可以把东西轻松放回原位。

一个简单的置物篮便能完美满足你的两种整理需求。首先，可以把东西藏在置物篮里，满足你渴求的清爽视觉。其次，有了置物篮，你就能快速收好东西，不会让东西乱作一堆。此外，比起置物架上能放的东西，置物篮还能装得更多，这样，你的储物空间就能扩大一到三倍，效率自然也就提高了！

让我们看一下你的浴室柜。如果不用整理盒，药瓶、创可贴、洗浴用品很容易便会混在一起。如果用整理盒，你就可以充分利用置物架的垂直空间，这意味着，你可以在这个空间里放更多东西。如果你有一个急救盒、一个药盒、一个洗浴用品盒，你可以将上面这些东西简单分类后放进去，后续在找东西或放东西时，便可以毫不费力了。

当然了，要想取得长远的成功，给整理盒贴上标签是至关重要的。贴标签还有一个好处，就是能让家里其他昆虫人知道每样东西被放在了哪里。无论你的整理风格如何，我都要万分强调贴标签的重要

第 7 章
瓢虫人：视觉简洁、分类简单

性。标签让找东西和整理工作都变得容易多了，在你用完东西后，标签还可以在潜意识中提醒你把东西放好。

动手整理吧！瓢虫人

身为瓢虫人，在轻松维持一个干净整洁的家方面，你早已成功上道了。我真心建议你从整理隐藏空间、丢弃无用之物开始你的整理之旅，一步一步成为整理达人。柜子和抽屉里的东西越少，你在整理和维持时就越容易。

与其他昆虫人不同，瓢虫人很幸运，通常来说，他们和物品之间的情感联结较少。当然，我们都有难以割舍的、付诸感情的物品，所以一定要从简单的物品下手，比如过期的药品、食品、化妆品和浴室用品。这里有一份清单，列出了一些你现在就可以丢出家门的物品：

- 以后很少穿或永远不会穿的不再合身或不再喜欢的衣服。
- 已经读完且不会再读的书。
- 从来不用的香皂、香水或乳液。
- 一年内没用过的多余被褥或毛巾。
- 旧账单和购物清单。
- 一年内没用过的厨房用品。
- 过期的药品、食品和化妆品。
- 孩子小时候的玩具。

125

让你摆脱混乱的
　　　人生整理术

- 你不喜欢或很少使用的清洁用品。

　　快速清理家中的隐藏空间不会太费时。一旦清理完成，你马上就能获得整理所需的空间，从而能把柜子和储存空间打造得像家里其他地方一样美观。所以，你还在等什么呢，我的瓢虫人朋友？放下书，开始杂物大清理吧！

第 7 章
瓢虫人：视觉简洁、分类简单

> ## 瓢虫人的感谢信

在知道自己的整理人格前，我每次打开柜子或抽屉，都会有东西掉出来。虽然我的文件总是乱七八糟，我什么东西都找不到，但我家看起来确实很干净！随后，我为自己的手工室买了一套宜家卡莱克的、有二十五格的置物架组，还买了十个置物篮，放在置物架的最下面两排。说真的，我超级喜欢它们。虽然每样东西都有自己的篮子，但我对它们的整理其实相当简单。我只是用一个篮子放摄影器材，一个篮子放绘画用品，一个篮子放缝纫用品……依此类推。此外，我还开始在所有柜子里放置贴有标签的整排置物篮。原来这样做真的可以保持整洁呀！谢谢你，昆虫小姐！

——埃伦，来自美国

我只是想让你知道，你设计的昆虫整理人格测试对我帮助非常大。我和丈夫结婚快三年了，我们生活的房子不是很整洁，这总让我们心生挫败感。直到我做了昆虫整理人格测试，我才恍然大悟，原来我是瓢虫人，而我丈夫是蜜蜂人。我们俩的整理人格完全相反。我也终于明白，为何在面对该如何处理杂物的问题时，我们俩对彼此都不太满意。现如今，我们采取了一个折中的办法，那就是采用视觉相对丰富、分类又相对简单的系统，事实证明，这样做真的有用！

——玛丽·安妮，来自美国

> 让你摆脱混乱的
> 人生整理术

我是瓢虫人!那现在一切都能说得通了。虽然我对自己拥有一所干净的房子很自豪,但我家却一点儿都不整洁。我家的地下室里堆满了垃圾,壁橱里也塞满了东西,我几乎无法使用它们。于是,我像你一样,从小事做起。上周,我买了两个置物篮,一个用来装未读信件,一个用来放待支付账单。就是这样一个简单的理念,就真的能让我知道自己把账单放在哪儿了!

——詹娜,来自美国

第 8 章

与瓢虫人共处：设置"无家可归杂物篮"

与瓢虫人共处的黄金法则

○ 家庭成员各自列出在整理中遇到的问题,共同商量出折中方案。

○ 为每个家庭成员指定一个置物篮,用来放随手扔的物品。

○ 帮助瓢虫人练习"视而不见"。

第 8 章
与瓢虫人共处：设置"无家可归杂物篮"

维持整洁的家

家是温暖的避风港，能让人远离外部喧嚣世界的压力。对大多数瓢虫人来说，装饰和打扫房间真的是一件乐事。装饰自己家时，瓢虫人会感到自豪和愉悦。与瓢虫人一起生活的人很幸运，因为他们能一同享受干净又清爽的家。

瓢虫人努力维持着家里的整洁，因此，他们对自己的家人、室友和同事有很高的期待。当然了，每个人对于整洁的认知和标准都不尽相同，但对典型的瓢虫人来说，他们极其追求家具表面和地板的高洁净度。我经常听到瓢虫人抱怨："我花这么多时间打扫卫生，可家人却从来不帮我"或者"家务都是我在做，这太不公平了"。说实话，我以前也经常这样想。

有一种更加贴近现实的看法是，相比家里其他人，一尘不染的家对我这种瓢虫人来说尤为重要。当然，这并不是说其他人从不打扫，只是他们对混乱的容忍度确实要比我高很多。我必须承认，有时，我甚至在脏东西还未出现之前就想着清理了。所以，我怎么能指望别人也养成我这种清洁习惯呢？

当我终于不再把家务看作是我为家人，甚至是因为他们，才去做的事后，我就不再抱怨了。事实上，我打扫房间是为了自己。因为拥有一个整洁的家，能让我感觉很愉悦。

当你和瓢虫人一起生活时，如果瓢虫人因为家人在整理方面帮助不够而感到不满，那我建议你们深入聊聊各自期望中的家庭整洁度。正如每个人的整理方式各不相同，相应地，在整理家时，每个人的侧重点也自然有所不同。想要制订出大家都满意的折中方案，最好的方法是，开诚布公地探讨对彼此的期望。谈谈哪些整理方案对你们都适用，还有你们想针对哪些问题做出改变。我建议列一份清单，写出你们在整理家时遇到的最大问题或挑战，然后集思广益，找出相应的解决方案。

就我家来说，我放弃了对整洁度的全天候、高标准要求，因为这种要求根本不切实际。我家有五个人，所以经常会出现这些情况：脏碗筷堆在厨房台面上，玩具散落一地，毛巾掉在浴室地板上。曾经，我觉得自己好像整天都在打扫卫生，事实也可能确实如此。不间断的整理工作让人筋疲力尽，也浪费了我宝贵的时间。现在，每天吃完晚饭之后，我们家五个人都会花几分钟，快速收拾一下房间。因为我们家每天晚上都会例行打扫，所以每天早上醒来时，我们都能看到一个干净整洁的家。我不再觉得自己只是家里的保姆，孩子们每天过得更舒适、自在。亲爱的瓢虫人，现在，让我们深呼吸一下吧，慢慢地，深呼吸。

第 8 章
与瓢虫人共处：设置"无家可归杂物篮"

玩捉迷藏游戏

每当我重温经典电视剧《老友记》时，我都会被剧中莫妮卡打扫房子的桥段逗得哈哈笑，因为她对打扫房子有种神经质般的痴迷。我完全能理解她渴望所有东西看起来都很完美的愿望，我也完全能理解她为何在大厅角落有个秘密的杂物囤积区。

像大多数瓢虫人一样，我对自己家的整洁度也有强迫症，但我丝毫不会因乱七八糟的柜子、抽屉或储藏室而感到困扰。当然了，这样做的部分原因是，当有朋友来家里拜访时，我希望能给他们留下好印象，即我家的衣食起居是井然有序的；还有部分原因是，我本身也需要这种程度的整洁外观，让自己内心平静，不至于因混乱问题而太过焦虑。

视觉上的混乱，甚至同一个空间里有多种不同的颜色和图案，都会让我感到焦虑。我不是唯一有这种反应的人。典型的瓢虫人都渴求简洁的视觉。柔和的色调和对称的图案，能使我们混乱的灵魂平静下来。我无法解释，为什么一盏灯的位置仅仅偏左了几厘米，就能让瓢虫人血压上升；但对他们来说，厨房里有个因塞满杂物而不会被打开的抽屉，却又变得无关痛痒。这种清洁狂和邋遢大王的奇怪组合，让其他昆虫人百思不得其解。这就好比物质和反物质同时存在于同一空间。从表面上看，这似乎不合常理。

我丈夫曾说，我是他见过的"最爱秩序的邋遢大王"。如果他把待支付账单堆在厨房台面上，我会生气。虽说如此，我却会毫不犹豫地在车库里堆满垃圾和待回收物。瓢虫人真是一个谜，如果你和瓢虫人一起生活或工作，你就完全知道我在说什么了。

我在撰写本章时，请我丈夫帮忙提供一些想法，因为在过去的十七年里，他一直与我这个瓢虫人一起生活。你猜他的回答是什么？"因为瓢虫人会不断把东西藏起来，所以，与瓢虫人一起生活或工作，你要习惯永远都不知道自己的东西被放在哪儿了。"

唉！事实就是这样。没有人会觉得这是件好事。现如今，我仍然会时不时地藏起他的东西，但相比以前，我真的已经进步好多了。至少，我现在常常能记得我把它们藏在哪里了。

我们为自己家设计的、帮助瓢虫人走上成功之路的秘诀之一，是为每位家庭成员指定一个置物篮，用来放置"无家可归的杂物"。如果我的丈夫或孩子们落了一件自己的东西在外面，我在整理时，就只需把它放进相应的人的置物篮，让他们之后整理即可。

如果你身边的瓢虫人喜欢藏你东西，我强烈建议你在各个主要生活区，为每位家庭成员放一个置物篮。在我家，我丈夫有多个"无家可归杂物篮"，因为他会在好多地方堆东西。如果瓢虫人身边没有合适的"无家可归杂物篮"，就会将东西胡乱塞在一些奇奇怪怪的地方，但放置物篮就能大大减少他们随手乱塞的机会。这也使得那些受清洁冲动所影响的瓢虫人能更容易找到自己的东西。其实，如果瓢虫人的家人能自行使用置物篮，就不仅能减少家中杂物的数量，还能减轻瓢虫人的焦虑。

第 8 章
与瓢虫人共处：设置"无家可归杂物篮"

世代相传的瓢虫人家族

在第 2 章中，我曾谈到过自己努力想要探明不同整理风格的起源。整理风格究竟是天生的，还是后天养成的？我认为这个问题没有明确的答案，但无论原因是什么，我心里都知道，自己的整理人格是和家中女性长辈一脉相承的。

我妈妈就是典型的瓢虫人。她为自己拥有一个干净整洁的家而深感自豪，但当她需要找一支笔时，就会出现搞笑的情况。她的做法真是让人目瞪口呆：她在许多堆满杂物的抽屉里翻找，测试找到的每一支笔，疯狂乱画，目的只是把无用的笔扔回抽屉。其实，我在自己家中也经常上演这种滑稽戏码，是的，我也会像我妈妈一样，把不能用的笔重新扔回抽屉，因此，这个游戏总会不停上演。看来，这也算是有其母必有其女了。

在我成长的过程中，我们家总是一尘不染，我妈妈努力让每个房间都能真正保持干净整洁。但是，正如你现在所知道的，家中没有杂物，并不代表家里一定井井有条。我们家的人总是弄丢东西，重要的文件、钥匙、钱包和衣服好像是被故意放错了地方一样。这种感觉和我们家每年的圣诞节传统差不多——我妈妈每次在藏圣诞礼物时，总会不经意间发现她前几年忘记藏在哪里的礼物。

我外婆也是瓢虫人，家里流传着一个和她有关的老掉牙的笑话：要不是她的头连在脖子上，她会把自己的头也弄丢。最近，她向我坦承，她经常把厨房里的杂物藏在烤箱里，但很快她便会忘记这回事儿。过了一段时间，当她再次使用烤箱时，才会想起这些杂物。多年来，我外婆在不经意间不知道用烤箱熔化了多少东西，但值得庆幸的是，她从未烧毁过自己的房子，这真是一个天大的奇迹！偷偷告诉你一个秘密：我也曾把很多很多东西藏在烤箱里，转头便忘了它们，导致它们被烤箱熔化了。唉，真是健忘的瓢虫人呀！

整理的神奇之处就在于，任何年龄段都可以学！我妈妈和我外婆都学会了如何利用整理人格来为她们的物品打造便利的家。现如今，虽然她们仍然会把一些东西藏起来，但现在她们在这样做时，采用了分类的、有条理的方式。对我们整个瓢虫家族的人来说，无意中把东西熔化或丢失，已彻底成为过去式，之所以有这种改变，一切都源于我们终于理解自己天生的整理风格了。

"视而不见"的智慧

瓢虫人必须努力抛开无时无刻想把杂物藏起来的欲望。就像视觉丰富派看不见自己的东西便会焦虑一样，瓢虫人也会因放在外面的物品而感到焦虑。要想消除瓢虫人这种焦虑，有一个很好的办法：鼓励瓢虫人对共处者放在外面的堆积物和杂物视而不见，不要试图马上就把它们整理好，就这样坚持二十四小时。一旦他们能做到二十四小时不碰这些杂物，那就继续鼓励他们坚持到四十八小时。每次瓢虫人被迫放松、压制自己藏东西的欲望后，他们因东西被放在外面而产生的焦虑就会减少。这种方法被称为认知行为疗法，现已被证明对强迫症和焦虑症的治疗非常有效。

第 8 章
与瓢虫人共处：设置"无家可归杂物篮"

我绝不是要你试着说服你身边的瓢虫人，让他们接受一个乱糟糟的家。那永远不可能发生！以上这种练习是为了帮助瓢虫人尊重他人的物品，并学会给他人足够的时间收拾。

如果你和瓢虫人一起生活，你可能会因他们无法使用分类精细的整理系统而感到沮丧。我丈夫试着让我使用档案柜，但不管他说多少次，我还是一如既往地把已支付账单随意塞进抽屉。当然，这并不是说我故意无视他的整理系统，我只是无法让自己定期对物品进行分类和归档。我的大脑不是那样运作的。所以，我们选择在办公室里放一个置物篮，上面贴有"已支付账单"的标签。现在，我丈夫知道每样东西都被放在哪里，没有任何东西被放错地方，而我们只需在纳税期间将文件分类好就行。这对我来说也有好处，因为我不需要再为成堆的文件而烦恼了，也不用再为无法使用他的系统而感到内疚和羞耻。

对蟋蟀人或蜜蜂人来说，他们不需要任何其他类型的整理工具，仅凭打开抽屉或把东西放在置物架上，就能保持整洁。他们的大脑天生就能把东西分门别类，所以，他们能轻松地记住洗发水被放在置物架的右上角，钢笔被放在左边的第二个抽屉。但瓢虫人的大脑完全不是这样运作的。对他们来说，光是关注细枝末节和记住东西所在的具体位置就已经够难的了，更不用说让他们停下来花精力把一些琐碎的东西正确地放进柜子，他们根本不可能做到。

这时候，外部空间的分隔和划分就可以发挥作用了。如果你有许多个已经大致分好类的整理盒，那么，瓢虫人就不必停下来去想东西应该放在哪里了，因为答案已经显而易见。还需注意，这些整理盒需要用开放式的，不要盖子，也不要层层堆叠在一起，只有这样，瓢虫人才能快速简单地收好东西。瓢虫人需要这种快速简单的整理方案，但这并不意味着他们很懒或不够聪明，而是因为相比小细节，他们更关注事物的全貌。

蟋蟀人和蜜蜂人都以任务为导向，而瓢虫人和蝴蝶人则是以时间为导向。蟋蟀人和蜜蜂人都想把事情做好，而瓢虫人和蝴蝶人只想快点把事情做完。

正是这种节省时间、做完这件做下件、注重事物的全貌的心理，才使得简单分类系统成为瓢虫人的出路。就像我前面讨论的一样，你可以帮助你身边的瓢虫人在每个抽屉、柜子和其他储存空间内都放上开放式的整理盒，这样他们就可以不假思索地将东西丢进去。当然，你还要确保这些整理盒上贴有标签，这样，他们长期维持这套系统应该就没什么问题了。

帮助你身边的瓢虫人走上成功之路的另一个秘诀，是要确保物品的"家"都在这些物品的使用区域附近。如果你和喜欢在客厅边看电视边工作的手账爱好者生活在一起，那么，你需要把手账用品放在客厅里，至少也应该放在客厅附近。如果你把整理盒，或让你身边的瓢虫人把整理盒放在走廊尽头的柜子里，那对瓢虫人来说就太远了，他们可能担心自己用完东西后，会因为距离太远而不想把东西再放回去。所以，你才会发现，在电视柜下面的抽屉里有剪刀和胶水，在茶几抽屉里有手工装饰纸。同样，如果账单每天都被放在厨房台面上，那么，装账单的置物篮最好也放在厨房里！这个方法其实很简单，只是许多家庭没有实际应用罢了。通过重新摆放物品，打造出一个简单、有条理的区域，瓢虫人就不会再把东西藏起来或乱塞了，从而让他们也能开始收好东西。

高管拉里的"懒人故事"

人们并非只在家里才会受整理问题困扰。让你的工作场所能够高效运行，也非常具有挑战性。我第一次整理专门的工作场所时，遇到的客户刚好是个蟋蟀人，我们就称呼她为卡丽吧。正是这次经历，让我完全走出了自己的舒适区。卡丽管理着一家快节奏的纺织企业，所以，她需要一套高效的整理系统，以跟上她繁忙的办公室业务。她委托我为她所有的资料、办公用品和数以百计的产品样本创建一套精细的归档系统。说实话，要在工作场所创建一套注重精细分类的整理系统，可谓时间紧、任务重，而且这和我追求简洁风格的整理天性背道而驰。因为这次艰难的整理经历，我在内心非常抗拒再接同类任务。然而，每当整理工作场所的机会出现时，为了获得宝贵的经验，拓展我的业务范围，我至少会同意先与潜在客户见个面。当我走进目标场所的时候，我会在心里默默祈祷，希望对方不要刚好也是蟋蟀人。

我想说的正是另一个让我整理办公室的客户拉里。拉里在一家会计师事务所工作，他有许多同事和庞大的客户群。我第一次走进他的私人办公室时，发现里面非常整洁，办公室里摆了一张木制的大办公桌，有一面墙的档案柜，还有两张供客户坐的舒适皮椅。各种证书和城市的黑白照片整整齐齐地挂在墙上。他的桌子上放有一台笔记本电脑和一张全家福照片，此外一点儿杂物都没有。看着窗明几净的办公室，我心中很是疑惑：他为什么还要给我打电话呢？

我们聊到了他的三个儿子，孩子们和他一样，都很爱钓鱼。拉里刚刚买了他人生中的第一艘船，他滔滔不绝地谈论着他与家人计划好的未来的钓鱼之旅。他讲了许多露营故事，还讲了他非常喜欢当孩子们的童子军领队，在告诉我这些事时，他喜笑颜开。很显然，拉里的家庭生活快乐又充实。当我问及他的工作时，他也笑得很开心。他兴奋地说："我爱我的工作。"我能看出来，他说的是真心话。"虽然每天的工作时间很长，但我希望自己能很快成为合伙人。"只是，当我问他为何会联系我时，他的笑容稍稍黯淡了下来。

他坦言："我老板建议我聘请一位专业整理师，"他说这话时明显很难为情，"我助理对我也有些灰心，大家都知道我时常会放错客户资料。"

"让我看看是什么问题，我会尽力帮你解决。"我真的很好奇，在这样一个没有杂物的整洁空间里，能有什么问题。拉里打开自己的笔记本电脑，把它转过来，好让我能看到屏幕。天哪！他的电脑桌面完全被乱七八糟的文件覆盖了。我敢说，我的电脑桌面已经满是图标了，但和拉里的桌面相比，混乱程度压根儿就不在一个层级上。相比之下，我的桌面文件反倒显得稀疏零落。

"好的，"我主动提出，"我们需要设计出电子化整理系统，这没什么问题。还有其他的吗？"拉里羞怯地点了点头，然后带我来到了那排档案柜前。当他拉开档案柜的抽屉时，他办公室里隐藏的秘密也

第 8 章
与瓢虫人共处：设置"无家可归杂物篮"

随即被揭开了。抽屉里随意堆放着几十份文件。抽屉背面挂有许多文件夹，每个文件夹上都贴有整齐的标签，但它们全都闲置着。看到这些，我便在心里断定：拉里是瓢虫人。

事情是这样的：和会计有关的事我一窍不通，我甚至连会计师事务所如何归档文件都不知道。我不知道哪些文件重要，需要被留存。当然，我也不知道会计师的日常业务是如何开展的。但我知道瓢虫人的整理方式，我还知道，档案柜对瓢虫人压根儿就不起作用。

当拉里打开更多塞满文件的抽屉时，我问他："你是不是把所有客户的资料都放在办公室了？"

"没有，"他回答道，"我只会留下正在跟进的项目，也就是我目前在处理的这些。一旦我把所有资料都更新了，纸质副本就会被送到中央档案柜归档。这些事务由我的助理负责处理。"

我观察到，拉里的每个抽屉中都放有几十份文件，于是问道："你目前跟进的客户一定很多吧？"

听到我这么问，拉里的脸涨得通红。"其实，那些项目也不是同时在跟进，"他坦言，"这边柜子里面放的是进行中的项目资料；这个柜子放的是需要录入电脑的档案；这个柜子放的是已经结案的，需要被送到中央档案柜归档的项目资料。"他看起来很尴尬，"我需要给它们分类，只是还没腾出时间。"我看得出来，他办公室的整理问题，真的让他很困扰。"本周我要参加一个研讨会，所以，也许可以等我回来以后，我们再开始整理。让我们先和我助理阿什利确认一下行程吧。"

阿什利调出拉里接下来的行程表，很显然，拉里现在几乎没有空闲时间整理自己的办公室。研讨会结束后，他后续还有许多会议要参加，日程排得满满的，而且，公司一年中最忙的时候马上也要到了。在拉里和阿什利协调会议时间和行程安排时，我插嘴问了一句："请问，阿什利能协助我进行整理吗？她知不知道哪些客户需要继续跟进，哪些不用？"

听我说完，拉里看向阿什利。只见阿什利松了一口气，然后马上便答应了："我很乐意帮忙。"显然，她也急于解决自己上司的混乱问题。

"好吧，我想这应该能行得通，"拉里紧张地说，"她比我有条理多了，这是肯定的。我知道自己的懒惰让她抓狂，让她的工作变难了。"又出现了那个很不恰当的词——懒惰，我们很多人都会用它来描述自己。

其实，拉里每天都工作十到十二个小时，甚至会在晚上和周末抽时间去参加童子军的志愿活动。由此可见，这个人一点也不懒。只因他无法使用某套为蟋蟀人而设计的整理系统，竟然就让他误以为自己很懒，这是多么可怕的事情啊！我期待自己的工作能达到的部分目标是：帮助客户认识到他们整理问题的根源，即他们之前所使用的无效整理系统，并不是针对他们天生的整理人格而设计的。

第 8 章
与瓢虫人共处：设置"无家可归杂物篮"

在拉里参加研讨会期间，阿什利和我花了一天时间来重新整理他的办公室。我们拆除了档案柜，换成了和他办公桌相同质感的漂亮柜子，这样可以维持办公室的视觉简洁度。我们在柜子里的置物架上放了一排空置物篮，上面贴有"跟进中的客户档案""待录入档案""即将举行的会议"等标签，以及阿什利建议的其他类别。

在一个标有"待归档"的柜子里，我们放置了几个置物篮，拉里可以在项目完成后把档案放进去，这样，在每天下班前，阿什利就能将它们整理好。当有会议安排时，阿什利可以抽出主要的客户档案，帮拉里放在"即将举行的会议"这个置物篮里，而不是放在他的办公桌上。只要拉里的办公桌保持干净，没有文件堆积，他每天整理办公桌时，就不会觉得还有必要把这些文件再乱藏起来。

阿什利是十足的蟋蟀人。她永远都无法理解，自己以前为上司创建的文件系统，对上司来说是个多么大的挑战。她在明白精细分类的整理系统不适配拉里的大脑思维后，就能完全接受我为拉里设计简单分类的整理系统的做法了。她甚至还提出，等拉里出差回来后，要帮他整理笔记本电脑，将电脑文件归入各种大类别文件夹中。

拉里参加研讨会回来后，亲自打电话给我，感谢我为他打造的被瓢虫人认可的实用办公室。他大力称赞这套系统，称其和自己的大脑运作方式非常适配，我从电话中都能感受到他积极向上的样子。我知道，这套系统不仅能帮他长期保持整洁，还能帮他克服因无序而产生的内疚感和羞耻感。

还记得协调不同整理人格的黄金法则吗？当有属于两种或两种以上整理人格的人共享同一空间时，要采用注重视觉丰富、简单分类的方法。

这也意味着，瓢虫人必须愿意放弃隐藏一切的渴望，试着去接受视觉整理系统，比如多使用公告板、开放式置物架和挂钩，而不是继续使用壁橱里的衣架。这条黄金法则还意味着，其他整理人格的人也得愿意使用不那么注重细节、更简单的整理方案，以便瓢虫人也能使用这套整理系统。

每一段关系都是如此，学会折中是关键。我丈夫可能会争论说，和我这个瓢虫人比起来，身为蟋蟀人的他，妥协的地方要比我多。但事实上，生活在同一个屋檐下，为了让我们这两种不同整理风格的人能够正常协作，我们彼此都花了很多精力。我们在每个房间都放有"无家可归杂物篮"，用来存放我丈夫的杂物。有了它，我就不必再把杂物随机塞进抽屉或柜子了。我们家的每一寸空间都经过了简单分类并贴有标签，所以，我不会再弄丢东西，或者忘记东西被放在哪儿了。我也开始尊重他的个人空间，不再帮他整理他的工作台或文件，尽管在有些时候，这些文件的混乱程度已经超出了我的忍耐限度。

我的三个孩子，有两个是蝴蝶人，一个是蜜蜂人。我也学会了尊重他们在整理方面的差异，并根据他们独特的整理人格，来设计和整理他们的卧室。我的蜜蜂人女儿骄傲地将她组装好的乐高玩具放在置物架上展示，另一个置物架上放着她所有的芭比娃娃。看到这些，我

第 8 章
与瓢虫人共处：设置"无家可归杂物篮"

的眼角总会不自然地抽动一下。但身为蜜蜂人，她需要丰富的视觉效果来让自己感到放松和快乐，而这些正是她的房间能提供给她的。我的两个蝴蝶人宝宝也需要丰富的视觉，以及快速、简单的整理系统，比如大量的挂钩、贴有标签的大号整理箱，好让他们能直接把东西丢进去。

当我了解自己的瓢虫型大脑后，我的家庭和生活完全变了。当我这个瓢虫人不再强迫自己接受蟋蟀人的整理风格，而去拥抱真正属于自己的整理风格时，我终于可以拥有梦寐以求的家了，这个家实用性强，也不需要花太多精力去维持。

那么，你还在等什么呢？奔向"十元店"买些整理盒，开始迈向整洁有序的幸福家园吧！

第 9 章

蟋蟀人：
视觉简洁、分类精细

蟋蟀人的整理诀窍

- 创建"够用就好"文件编排系统,并兼顾其他人的整理风格。
- 用标签机为文件精细归类,用碎纸机处理废弃文件。
- 用短期置物篮存档每月单据,用长期整理盒存档需要保存的单据。
- 对整理工作设置提醒,用计时器提高整理效率,整理时关掉让人分心的电子产品。
- 使用内部还有精细分类的整理系统。

第 9 章
蟋蟀人：视觉简洁、分类精细

蟋蟀人的思维

蟋蟀是在夜间活动的昆虫，即使在晚上，它们也喜欢隐藏起来，不让人看到。蟋蟀人整理物品的思维方式是传统整理术的一种缩影，我们传统上用到的绝大多数整理系统和工具都是针对蟋蟀人的整理风格设计而成的。所以，如果你是蟋蟀人，那你真的很幸运！

说实话，我很嫉妒蟋蟀人天生的整理才能。长久以来，我之所以会在整理领域屡遭失败，原因就在于我始终无法维持分类精细繁复的蟋蟀型整理系统。大多数专业整理师都是蟋蟀人，其原因可能正在于此。他们的大脑会自然而然地对物品进行精细分类。

蟋蟀人追求视觉简洁，这也意味着在家里和工作的地方，他们都偏爱柔和的配色和清爽的空间。这是传统整理术的另一个关键部分。现在，大多数整理系统的设计原理都是：先将物品分好类，然后存放进整理箱、活页夹或私密空间等地方。对许多蟋蟀人来说，近来的极简主义运动也很有吸引力，因为它非常贴近蟋蟀人与生俱来的整理喜好。事实上，很多极简主义者本身就是蟋蟀人。

让你摆脱混乱的
| 人生整理术

最能概括蟋蟀人的一种特质是完美主义。他们做事追求完美无误。蟋蟀人的标志性特征是有逻辑、擅分析、责任感强、有条理。对蟋蟀人来说，一套精细而实用的整理系统有助于他们缓解因担心丢东西而产生的焦虑，也能确保他们总能清楚地记得每样东西的存放位置。虽然蟋蟀人同蜜蜂人一样，也追求完美主义，但二者之间有所不同。在视觉呈现方面，蜜蜂人追求的是丰富的视觉效果，而蟋蟀人则要求自己所处的环境保持清爽。

大多数居家空间都是按照蟋蟀人的整理风格来设计的。从厨房到卧室的储存空间，通常都是以他们为中心设计的。餐具本应该被收在碗柜里，衣服也理所应当地被先分好类，然后再放进抽屉和衣柜。几乎每个家庭都会有自己的秘密储存空间，他们想在这些隐藏空间内置入分类精细的整理系统。举例来说，我们对家里的银质餐具进行分类，对自己的文件进行归档，甚至就连日常时间的安排使用的都是分类精细的隐藏式整理系统。

简言之，我的蟋蟀人朋友，我们日常的整理方式，毫不夸张地说，是专门为你而设计的！虽然你可以轻松维持秩序，但这也并不意味着你一定就能拥有一个清爽整洁的家。

请记住，每个人都是独一无二的。有些蟋蟀人从未受到过混乱问题的困扰，但有一些蟋蟀人至今还没学会如何运用他们的整理超能力，所以仍然很难开始整理。如果你是正在寻找整理灵感的蟋蟀人，可以关注专业整理师妮基·博伊德（Nikki Boyd）。妮基是我认识的最具影响力、最能启发灵感的蟋蟀人！

第 9 章
蟋蟀人：视觉简洁、分类精细

"完美主义瘫痪症"

有时候，蟋蟀人过分追求完美的强烈欲望，会压倒他们对简洁视觉的需求。这意味着，虽然蟋蟀人喜欢把所有的东西都置于视线之外，但如果没有合适的机会把东西"完美无误地"收好，他们反而会先把东西堆积起来。对蟋蟀人来说，合理的时间或完美的解决方案并不总是存在，所以，当他们在等待更好的整理时机时，他们的堆积物很容易肆意蔓延开来。就像蜜蜂人一样，蟋蟀人也因过分追求完美导致了拖延。

所以，没错，蟋蟀人就是典型的囤积者。他们之所以会整齐有序地把物品囤积起来，是为了建立完美的整理系统，或者找到时间把物品放回现有的系统当中。因此，虽然他们对完美的需求超过了对简洁视觉的需求，但这些堆积的杂物仍然会引发他们的焦虑和不安。

蟋蟀人有时也会违背自己天生的整理风格。许多蟋蟀人都喜欢把他们的待办事项清单或当前项目所用到的工具、材料，放在看得见的地方，直到他们能将其完美无误地放好为止。在这种情况下，他们想要以"正确方式"收好东西的需求，再一次超过了他们对简洁视觉的需求。

面对日常生活中的小细节，蟋蟀人也很容易变得不知所措。过度思考和过度计划是蟋蟀人身上普遍存在的问题。"我该从哪里做起？""我怎么做才对？""最好的方法是什么？"这些是蟋蟀人每天都要面对的问题。对蟋蟀人来说，害怕失败是他们整理之旅上的巨

151

大绊脚石，这种恐惧会影响蟋蟀人的行动，我称之为"完美主义瘫痪症"。与其犯错，蟋蟀人宁可选择不给出任何决定，或不采取任何行动。

当然，我们绝对有可能防止蟋蟀人陷入"完美主义瘫痪症"。我接下来要讲的这个小故事，将会告诉你到底该怎么做。

准备创业的退休教师克里斯蒂娜的"懒人故事"

在这里，我要克制住出卖我丈夫的冲动，留到下一章再讨论他。先来谈谈我的一位初期客户，我们就叫她克里斯蒂娜吧。克里斯蒂娜是一位退休教师，她每周会抽出几个晚上在自己家里辅导学生。虽然她很喜欢自己的教学工作，但她仍有一个创业梦想：为患有 ADHD 的儿童和成人提供一对一的咨询服务。她主动联系了我，委托我将她闲置的一间卧室改造成一间多功能房，让它既能充当办公室，又能作为教室，以便她将来创业时能和客户一起使用它。

克里斯蒂娜和她丈夫，还有一条可爱的可卡犬特莎，一起生活在一栋美丽的两层楼房里。房子很宽敞，而且一尘不染、井井有条，但是只有一楼如此。至于他们家二楼就完全是另一番面貌了。当我们走上楼梯，绕着走廊转了一圈儿后，他们家存在哪些整理问题就显而易见了。虽然克里斯蒂娜夫妇没有孩子，但家里却到处堆满了童书。走廊上整齐地堆放着一排排书，大小、形状、颜色都不尽相同。当她打开闲置的卧室门时，迎接我的是一堆五颜六色、齐腰高的"东西"——我实在找不到其他词汇来描述它们了。看起来就像整所学校

第 9 章
蟋蟀人：视觉简洁、分类精细

的用品都被倾倒在了地板上一样。我甚至都挤不出一条路来走到房间的另一边！老实说，看到卧室这么乱，我觉得自己的膝盖有点儿发软。

克里斯蒂娜在二十年的教学生涯中，收集了大量的教学用品。她是我第一位教师客户，但我想告诉你，我发誓她也会是我最后一位教师客户。还请不要误会我的意思，我非常喜欢教师，并且认为他们的专业技能被严重低估了，这一职业本身也没有受到足够多的重视。尽管如此，我还是得感叹一句：天啊，她的杂物未免也太多了吧！当我问她到底有多少东西时，克里斯蒂娜解释，教师必须为他们的学生提供所需的全部用品。她还补充说，她们换教其他年级时，还要负责为新班级的学生购买所需的全部资料。她从教二十年，从幼儿园到小学的每个年龄段她都教过，所以，毫不夸张地说，她的房间里真的堆满了从幼儿园到小学的全部教学用品。

我在刚成为专业整理师的第一年里犯过不少错误，其中之一便是：我的整理业务是按件计酬，而非以时薪计费。以克里斯蒂娜为例，我预估需要整整两天时间去清理和改造她的办公室。于是，我就报给她一个承包价。没错，我告诉她，要彻底打造一个全新的办公室兼教室的多功能房，包括材料费在内只需付两千多元即可。当然，她很快便同意了这个报价！在合同签署后的第二天，我就开始对她的备用卧室进行改造。

但在两个月后，我每周依然要去克里斯蒂娜家几天，离改造完她闲置的卧室，我们甚至还有很长一段路要走。没错，我还在履行我那两千多元报价的工作职责，为此我感到十分后悔。

令我意外的是，克里斯蒂娜竟然是蟋蟀人，而且，她还不是普通的蟋蟀人。她是加强版的完美主义者，对所谓"正确"的整理方式有着强烈的主见。对她来说，每件物品都必须分门别类，并以最注重细节和最层次分明的方式进行整理。只是与她同处一室，我便会觉得头昏脑涨。她不仅会过度整理和反复推敲每一个决定，而且她对自己、自己的空间，以及整理这件事本身，抱有不切实际的期望。

克里斯蒂娜对于完美的渴望，反倒让她的空间变得杂乱无章。这是过去五年多来，导致她无法使用办公室而长期烦恼的唯一原因。这也是阻碍她事业发展的最大绊脚石。这就是完美主义的阴暗面，它会让人容易变得优柔寡断、拖延、长期多虑。其实，很多人都低估了完美主义的负面影响，完全不理解这种要求为何能在短时间内控制并拖垮一个原本朝气蓬勃、有条不紊的人。

下面是我们在翻看她那堆齐腰高的东西时所进行的一段典型对话。

我："我找到一包单词卡片。我们把它们单独装在一个整理盒里吧。"

克里斯蒂娜："这些都是常用字卡片。要把它们和其他常用字相关的教材放在一起，不能将它们单纯归类为单词卡片。"

我给一个整理盒贴上"常用字"的标签，把那包单词卡片丢了进去。随后，我又发现一本常用字练习本，我把它也放进了常用字整理盒里。但就在这时，克里斯蒂娜阻止了我。

克里斯蒂娜："那本练习本是为高年级学生准备的，不能和那些单词卡片放在一起。"

其实，在我们刚开始整理克里斯蒂娜的空间时，我曾建议按照年级分类。这样就能将幼儿园的所有教学用品放在一起，同理，一年级的也是如此，以此类推。但她却告诉我这样行不通，因为有很多教学用品可以跨年级使用。她还解释说，因为她辅导的许多学生对于不同科目的掌握程度不同，所以，把教学用品按照年级分类并不是一个有效的整理系统。

于是，我又提议按学科或教学方法分类，比如把所有教学用品放在一起，或把所有练习本放在一起。但克里斯蒂娜又认为，这样的分类未免"太过宽泛"。她的蟋蟀型大脑渴望拥有一套注重细节、层次分明的整理系统。

我："好吧，克里斯蒂娜，那我们应该把这个年级的常用字练习本放在哪里？"

但她心中也没有答案，于是，我们又新添了一堆难以分类的物品。

两周以后，在克里斯蒂娜家里，东西摆得到处都是。从根本上说，我们只是把她那些乱七八糟的东西，从办公室进一步分散到了整个家里，变成了几百个小堆。我是说真的，真的是经过精挑细选、分类而成的几百个小堆。

光是帮助孩子们学习计数的教学用品就有十几堆。相信我，克里斯蒂娜的这些教学用品足够整所学校使用。她还有几十堆常用字练习本，但她不是简单地按照词汇对其进行分类，她还基于学科和年级进行分类，最后还要根据练习本的品牌再分一次类。克里斯蒂娜将读物按字母分类，甚至还基于元音的长短进一步细分。

说实话，这已经超出我的能力范围了。我对教学可谓一窍不通，正因如此，克里斯蒂娜要对每样东西都进行精细分类的决心，才会将我拖入一个非常糟糕的境地。

这就是精细分类的整理术存在的问题：你不能在最开始就对物品进行精细分类。精细分类必须是整个整理过程的最后一步，否则，你就会陷入和我俩一样的困境：在一项工作中花费了两个月、投入了无数个小时，结果呢，只得到一个更大的烂摊子等着你去处理。

我们有成堆成堆的教学用品。天啊，真的太多堆了。她整个家中，光是贴在这些教学用品上的便利贴就有几百张。这些着实让人抓狂。由于楼上的空间已经被用光了，所以，这些分好类的教学用品堆已经蔓延到一楼的客厅、餐厅，甚至厨房。

当我们从她最大的那堆教学用品中拿出东西时，我们不得不停下来，先考虑应该将它们归入哪个类别。一旦决定以后，我们还得记住

第 9 章
蟋蟀人：视觉简洁、分类精细

这堆东西放在她家里的具体位置。请记住，我们总共需要分类记录几百堆物品。说心里话，这项工作可真让人发疯。

最后，经过非常漫长的两个月，整个房间都空出来了，所有东西都整理好了。还记得吗，我只向她收取了两天的整理费用。那么，现在该怎么办呢？我们要把这些成百上千的小堆东西放在哪儿？她的办公室有很多不错的置物架，甚至还有一个空柜子可以使用，但要想放克里斯蒂娜所有的东西，这些空间还远远不够。光是这些类别的数量，就多到让人觉得不可能为每个类别的东西都找到家。而且，就算她有足够的空间，她又怎么可能记住每样东西的存放位置呢？如果她需要一本三年级学生的阅读练习本，她怎么能在超过二十五堆、各不相同的练习本中迅速找到它呢？当我写到这里时，我是真的在摇头，因为我不敢相信，在这次整理业务中，自己竟然会让物品被细分到如此令人咋舌的地步，这简直就是一场梦魇。

你瞧，克里斯蒂娜真的是一个非常有条理的人。事实上，她太有条理了。她会一丝不苟地对每样东西进行精细分类，如此数量惊人的整理工作，不仅会占用大量的时间和空间，而且留给她的整理系统，无论从何种实际意义上来说，都无法正常运行。

我们都落入了那个让许多蟋蟀人无法摆脱的陷阱：过度分类的死循环。蟋蟀人会花数不清的时间，将大堆东西细分成许多小类，但这样做只换来更多数量、更小体积的杂物堆。为分类很精细的堆积物找到实用的"家"是非常困难的，所以，随着时间的推移，它们常常又会混在一起。即使蟋蟀人真的成功为这些细分的小杂物堆找到了"家"，但因它们的分类实在过于琐碎，他们也往往很难清楚地记得每样东西被放在了哪里。只要他们忘记东西被放在了哪里，一切马上就会变得乱七八糟，然后很快回到最初的样子：重新开始，循环分类。

在我身为专业整理师的职业生涯中，我还是首次遇到这种孤注一掷的时刻。克里斯蒂娜想要的一切不切实际。我必须挺身而出，掌控整个整理局势，否则，我就会在她家陷入反复分类的死循环。

现在，是时候好好审视一下她的空间了，而不是只将关注点放在她的东西上。我带着克里斯蒂娜来到她空荡荡的办公室，然后问了她一个简单的问题："请好好想一下，哪些东西需要放在这里？我不是指你想放在这里的东西，而是指那些必须放在这里的东西。"于是，她列了一份清单，上面是她要用的基本办公用品，我们把这些东西都带到办公室，然后在置物架上为它们全部找好了"家"。

现在，我们便能清楚地看到，我们还剩多少可以利用的空间。在现有的空间里，要把她所有的教学用品都放进去，说实话，这根本就不可能。因此，我向她提出了另一个建议。

"如果我们把你的教学用品都存放在地下室的置物架上呢？当你有客户要辅导时，你可以根据他们的学习水平，为他们特别定制一个放东西的置物篮。这样，你就无须再将所有的教学用品都放在办公室，而只需把每位客户的置物篮放进去即可。"谢天谢地，这次，克里斯蒂娜觉得这个点子非常不错。

第 9 章
蟋蟀人：视觉简洁、分类精细

于是，我们购买了置物架，然后对她的教学用品大致进行了整理，然后把它们放入大号塑料手提袋里。没错，对于那些细分的小类，我们不再专门准备小整理盒了；对于那些大类，我们准备了大号手提袋。这些大号手提袋被分成了常用字、手工材料、练习本、拼音、识字和其他各种各样的大类。我们又把每个大手提袋里的教学用品进一步细分成更小的类别，然后再装起来，方便以后取用。

在为克里斯蒂娜打造办公室的过程中，我们兜了一大圈又回到了原位。最终，我们还是设置了一套简单分类系统。我在开启整理项目的第一天就想使用这套整理系统，那样只需几个小时便能完成这项工作。

说实话，刚开始采用的那种极其精细的分类堆积法，简直是白白浪费了两个月时间，但即便如此，我也不会想让时间倒转，然后去做出什么改变。总之，通过这次整理，克里斯蒂娜认识到了简单分类的重要性，更重要的是，她体会到了降低对自己的期待的好处。我也从中学到了很多。我学会了如何帮助蟋蟀人克服完美主义，从而让他们的生活能变得有条不紊。

在整理时，蟋蟀人总想在一开始就对物品进行无限细分，这是他们的天性。结果却总是将大杂物堆变成超多小杂物堆，而且还没有合适的地方来放置它们。若是一开始就用简单分类系统，要完成初步的分类便会快很多。接着，你就可以尽情地对这些大类进行细分，直到满意为止。我从这次整理中得到的经验教训，让我在面对其他客户时节省了无数的时间和心力。希望这些经验也能让你省时省力。

让你摆脱混乱的
| 人生整理术

最终，我们将克里斯蒂娜的办公室打造成令人放松的多功能空间，让她有足够的空间来发展自己全新的家教和指导业务。在她的柜子里，不仅放有为每位客户量身定制的置物篮，还有几个留给日后新客户用的空置物篮。她还有一间图书阅览室，作为她和客户的工作空间，室内摆有书架，书架上放有日常用品。这个空间通风良好，也非常漂亮整洁。

其实，对克里斯蒂娜来说，将她的教学用品搬到地下室，实际上比整理本身还有用。这样做可以腾出大量可用的开放空间，让她能拥有梦寐以求的、整洁的多功能房。她家的地下室也是为每位客户创建定制化学习课程的完美场所。她只需打开贴有标签的大号手提袋，拿出她需要的教学用品，待使用完后再把它们轻松放回即可。

对于这次的整理效果，克里斯蒂娜非常满意，同时，我也从这次整理经历中学到了很多东西，我感觉很幸运。我见证了一个完美主义者所经历的挣扎，这加深了我对蟋蟀人这一群体的理解，也给了我帮助他们的工具，从而帮助他们走出整理困境。整理的第一步要简单分类，认识到这一点的重要性，是彻底解决分类死循环的关键。

剖析蟋蟀人

还未确定自己是不是蟋蟀人吗？下列是蟋蟀人最常见的几种人格特质：

- 在未建立起"完美"的整理系统之前，蟋蟀人通常会先把

第 9 章
蟋蟀人：视觉简洁、分类精细

他们的物品"堆积"起来。

- 蟋蟀人非常有条理，而且很注重细节。
- 蟋蟀人的口头禅是："要么做到最好，要么干脆别做。"
- 大多数蟋蟀人都会受拖延症困扰。
- 害怕失败、害怕犯错、害怕被他人认为无能，这些都是阻碍蟋蟀人实现梦想的绊脚石。
- 蟋蟀人通常很有逻辑，大都会取得不俗的成绩。
- 蟋蟀人偏爱简洁视觉，无论是在办公室还是家里，他们都喜欢设计清爽的空间。
- 完美主义者是大多数蟋蟀人都可以感同身受的身份标签。

蟋蟀人的优势

我这样说，可能会让人误以为我在暗示蟋蟀人追求完美主义不是什么好事，但事实并非如此，它是一种了不起的超能力。只是，你要确保自己能将它用对地方。你内心对于完美的追求会激励着你，好比在你通往成功之路上为你提供动力的燃料，坦白说，我希望自己身上也能有一些完美主义精神。所以，请不要怀疑自己，真实的你聪明、勤奋、有条理，成绩也好。此外，你对细节的关注也让人吃惊，而且，当你用心去做一件事时，你尝试做的大多数事都能轻易取得成功。

当你的内心对白从"你行的，你可以做好任何事"，转变为"这样行不通，还不够好"时，问题便浮现了。为了抵制内心消极的自我对话，你需要专注当下。你可以通过大脑的逻辑思考来战胜内心的完美主义，问自己："哪些是可行的？我现在所做的事，是为了达到什么目标？我是否达到了这个目的？犯个小错误会改变最终的结果吗？"一旦你学会如何克服优柔寡断，以及内心由此而生的消极自我对话，你就能让完美主义发挥正向作用，进而帮自己成为有影响力的人。

有很多蟋蟀人曾问我，为什么我会选择蟋蟀这种昆虫来代表他们的整理风格。的确，蟋蟀长得不如瓢虫、蝴蝶或蜜蜂那样美丽，但蟋蟀是一种追求绝对完美的昆虫。在我上六年级的时候，学校曾布置过一个昆虫研究项目。由于我的同学们早早挑走了几乎所有的"好虫子"，所以我只能把蟋蟀作为我的研究对象。我当初从这种神奇昆虫身上学到的东西，时至今日依然让我记忆犹新，这也是我选择蟋蟀来代表这种整理人格的原因。

要说这种昆虫最吸引人的地方，那当然是它们的歌声。雄性蟋蟀通过摩擦自己的翅膀发出声音。虽然它们的声音听起来相当普通、简单，但你知道从数学的角度来说，它们的歌声节奏是完美的吗？只有当环境温度发生波动时，这种稳定而有韵律的歌声才会随之改变。当环境温度降低时，它们的歌声节奏就会变慢；当环境温度升高时，歌声节奏又会加快。感兴趣的可以在网上搜一下相关资料。

其实，只要蟋蟀人能建立起一套稳定、合适的整理系统，那么，你就可以毫不费力地将其维持下去。一个功能齐全、高效运作的家，能帮助你节省时间和精力，并缓解你因每天看到大量堆积物而产生的焦虑。对于蟋蟀人来说，关键是要创建一套功能强大的整理系统，并且拟订简单、有条理的每日行动计划。一个整洁的家，能极大提高你

第 9 章
蟋蟀人：视觉简洁、分类精细

的工作效率。好好安排时间，甚至还能为你的生活带来更大的影响。

与蜜蜂人一样，列计划是能让你容易过度思考的大脑排除杂念、保持专注的关键。花上几分钟，认真思考一下，然后列出你的年计划、月计划、周计划以及每日安排，这样做将非常有利于你安排自己的生活。不过重点在于：要先把你的想法简单分类，就像你在整理家时要先把家里的东西简单分类一样。先为你清单上的事项创建一些大目标，接着把大目标细分为月计划、周计划和每日计划，然后按照计划行动。

过度计划和过度思考是蟋蟀人的通病，所以，要记得让你的行动计划保有足够的弹性空间，以应对各种变化和克服整理之旅上不可避免的障碍。但即便是最完美的计划也不会完全按我们的想法进行，如果对每个细节都进行规划，那么你完全是在浪费你那出色的大脑，以及你的时间和精力。

虽然我们都希望自己的目标能在瞬间成真，但生活中最美好的事物都需要我们历经时间的洗礼、错误的锤炼和不懈的坚持，方能最终得到。当你看到你未完成的项目或犯下的错误时，与其去评判自己是如何失败的，还不如提醒自己，工作尚在进行中，这是达成最终目标的必经之路。不要把当下的混乱与结果的失败混为一谈。在迈向成功的旅途中，这些都是必经的一部分。

我还有个建议：你要意识到自己有一种研究一切事物的习惯。蟋蟀人在采取任何行动之前，都喜欢充分了解情况，好有一个万全的准

163

备，但有时候，如果只是一味将重点放在获取信息上，反而会让你离实际行动越来越远。提醒自己，这种过度计划和过度研究的习惯，是你的大脑因为害怕失败从而拖延进度的方式。如果你花在研究和计划上的时间比实际完成项目所需的时间还要多，那就是你想太多了。不管学习什么东西，最好的方法都是动手去实践。而你能学到的最好经验，也正来自你对自我失败的经验总结。一旦你找到投身生活的勇气，并能采取行动，你的完美主义就能发挥神奇的效用，从而激励你完成最疯狂的梦想。

那我能给蟋蟀人的最佳建议是什么呢？我的答案是：练习稍稍放手的感觉。整理自己的物品时，建议从简单分类法入手，拥抱"够用就好"的整理理念！我丈夫乔想把自己的财务报告放到一套文件编排系统中。他认为，自己需要一套文件编排系统来管理自己的投资，为每年及每项投资都创建独立的文件夹。他还希望为每个银行账户和每个孩子的教育基金都创建独立的文件夹。在这期间，他将所有的文件都堆在他的桌子上，而且已经堆了好几个月了。对此，一个好的解决方案是创建一个名为"投资"的文件夹，暂时将所有相关文件归档在一起。以后有时间，他还可以再对这个文件夹进行细分。现在，每样东西都有条理、易寻找，也不会再占用他宝贵的工作空间了。

蟋蟀人的整理诀窍

这里有一些很适合蟋蟀人的整理诀窍：

诀窍一：创建一个"够用就好"的文件编排系统。用这个方法解

第 9 章
蟋蟀人：视觉简洁、分类精细

决掉文件堆积问题。

诀窍二：**买台碎纸机**。用它处理废弃文件！

诀窍三：**用置物篮或文件盒建立短期文件编排系统**。用它们存放每月的账单和报表。在每年纳税时，从中选出需要的文件，用碎纸机粉碎那些不再需要的文件即可。

诀窍四：**用纸箱或档案柜建立长期文件编排系统**。合同和保存期超过一年的文件，如税单，都可以存放进去。

诀窍五：**给每个文件夹贴上标签**。开始时，先使用大的分类类别，如财务、水电费、保险、汽车、学校等，等你之后有时间了，可以再打造一套更精细的文件编排系统。

诀窍六：**要兼顾其他人的整理风格**。确保你创建的整理系统足够简单，好让大家都能使用。

诀窍七：**整理时设置计时器**。激励你加快行动，并保持专注。

诀窍八：**使用内部装有小型整理盒的纯色堆叠式整理箱**。如果你使用的是带盖的整理箱，为了可能会用到这套系统的其他昆虫人着想，请一定要记得贴标签、贴标签、贴标签，重要的事情说三遍。

诀窍九：**在办公桌或厨房台面上放置开放式置物篮，先把杂物放

165

在里面。这可以作为一个视觉提醒，提醒你杂物堆得太多，置物篮都快放不下了，是时候整理了。

诀窍十：在手机或电脑上设置待办事项提醒。它可以帮助你提醒自己每天要完成的任务。

诀窍十一：关闭让你分心的电子产品。开始整理工作时，关掉手机、电子邮件和电视。

诀窍十二：标签机是你最好的帮手。给整理容器、文件夹等大部分东西贴上标签，从而确保你和你的家人能收好东西。

诀窍十三：多层格整理盒是专为你们而设计的！把小物品装进整理盒里，然后再堆放起来。

诀窍十四：拥抱"够用就好"的整理理念。放弃完美主义可以帮你完成更多事。

除了告诉你"做事糙点儿也行"之外，真希望我还能向你传授更多智慧箴言。说实话，你天生就是一个非常有条理的人。完美主义是阻碍你打造出清爽且实用的居家环境的唯一因素。

第 9 章
蟋蟀人：视觉简洁、分类精细

蟋 蟀 人 的 感 谢 信

  谢谢你，昆虫小姐，我对你的感激之情溢于言表。在你的帮助下，我了解了自己，了解了我的家人，特别是加深了对我丈夫的了解。因为我是蟋蟀人，而他是蝴蝶人，我们的整理风格并不一致。在以前，我总会因为他无法遵循我的整理系统而感到失落。如今，在你的帮助下，我理解了他的整理风格。现在，我正以适合他的整理方式来整理他的东西。在共用区域，我会灵活变通地进行整理，而在我自己的空间，我可以完全放飞天性，并且整理得超级整齐。

——索纳尔，来自印度

  亲爱的昆虫小姐，我急切地想对你说一声谢谢。我是蟋蟀人。我觉得自己很有条理，但我家看起来却总是很乱，家里到处都是我的堆积物，这似乎与我内心的完美主义相悖。是你让我知道，我之所以会这么乱，正是因为我是个完美主义者。我现在在整理时，会先用简单分类法，这真的很有效。等我有空时，我还会把它整理得更完美些。现在，那些杂物都被清理干净了，我家现在的样子真的让我感觉很舒适。

——埃米莉，来自美国

> 亲爱的昆虫小姐，说实话，我从来没写过这样的邮件，但我还是写了。我妻子让我做你设计的昆虫整理人格测试，我原以为测试内容都是废话，但当我读到这些描述时，却有种一针见血的感觉。我是蟋蟀人，我妻子是蝴蝶人。她一团糟的生活状态让我临近崩溃边缘了。不知为何，当我读到"只是每个人的整理方式不同"时，我真的对这句话产生了深深的共鸣。总之，我们正在努力为她创造新空间，用来存放她的东西。我拆了我们家卧室的衣柜门。虽然我不喜欢这样，但她现在能把衣服挂起来了，而不是径直放在地板上。这是二十一年来我第一次看到家里有了真正的进步。所以，我要在此诚心地感谢您，昆虫小姐。
>
> ——戴夫，来自美国

第 10 章

与蟋蟀人共处：
为他们留出专属空间

与蟋蟀人共处的黄金法则

- 鼓励蟋蟀人拥抱"够用就好"的整理理念。
- 帮蟋蟀人先完成简单分类的整理。
- 给蟋蟀人一个专属空间。
- 不要移动蟋蟀人堆积的东西。

第 10 章
与蟋蟀人共处：为他们留出专属空间

我丈夫是蟋蟀人

我和蟋蟀人一起生活了将近十七年，我想告诉你的是，这其实是很了不起的一件事。在大多数情况下，蟋蟀人都很整洁，他们会定期整理自己的东西。所以，如果能与蟋蟀人共享空间，我们会从中得到很大好处。

有很多人问我："我要怎样做，才能让我的伴侣收拾好自己的东西？"虽然有很多方法来解决这个问题，但我本人从未经历过这种困境。因为我丈夫比我更整洁、更有条理。

对蟋蟀人来说，妥善收拾好东西这件事极为重要，所以，最大的问题并不在于蟋蟀人会不会收拾好自己的杂物，而在于他们周围的人会不会收拾好自己的物品。

每天上班前，乔总会烦心地应付散落着各种洗浴用品的浴室台面。因为我在梳洗时必定会把浴室弄得一团糟，但对我来说，这实在是难以避免的事。虽然我现在会在梳洗完毕后整理好东西了，但在我梳洗的时候，浴室看起来总像是进了小偷一样。与我形成鲜明对比的是，乔每用完一样东西后都会立即把它放回原处。虽然你可能会认为，在大多数情况下，只有女性才会苦恼于自己的洗浴用品太多，但我可以向你保证，我丈夫的洗浴用品数量也很惊人。

无关乎性别，蟋蟀人做任何事时都一丝不苟，这种特质可能会让其他人望而生畏。当其他人不能满足蟋蟀人的高期望时，他们便会感到沮丧。因此，当蟋蟀人与其他整理人格共享空间时，局势就会变得紧张起来。

在我们刚结婚的头几年里，我丈夫对我糟糕的生活习惯深感无力。我常常弄丢钥匙、乱放重要文件，总之，我的生活仿佛一团乱麻。他曾多次试图教会我使用他的文件归档系统，但结果都徒劳无功。

"把付过款的信用卡账单放在标有'信用卡'的文件夹里，到底有多难？"他一边翻找被胡乱塞在桌子抽屉里的那些文件，一边不耐烦地说。

"对不起，乔。"我已经像这样道歉过无数次了。他翻了个白眼，然后叹了口气，似乎在暗示我的道歉一点儿都不真诚。

说真的，我并非故意不用他设置的文件归档系统，只是，我平时压根儿想不到要用它。我在付完账后便会继续去做其他事，而不是停下来，再花时间去使用他心爱却超级复杂精细的文件归档系统。

第 10 章
与蟋蟀人共处：为他们留出专属空间

我让乔做了昆虫整理人格测试，并让其阅读了不同昆虫整理人格类型的内容。当我丈夫终于理解我天生的整理风格，以及我俩风格之间的巨大差异后，他便降低了对我的期望，也顺便降低了对自己的要求标准。理解能促成宽容。既然我们都理解了各自整理行为背后的深层原因，也就不会再因自己的期望未被满足而心生埋怨了。

对丁蟋蟀人来说，期望他的家人、室友或同事像他那样注重细节和追求完美，一点都不切实际。因此，他的妥协非常重要。与其勉强其他昆虫人去使用违背自身天性的整理系统，简化自己的整理系统反而要容易得多。

当你和蟋蟀人一起生活或工作时，若因自己无法满足他们的高期望而感到有压力，或因自己达不到他们的期望而感到窘迫，那就请鼓励他们阅读本书吧。只要蟋蟀人能了解这四种昆虫整理人格，他们对于自己的理想和期望就更有可能有所调整和妥协。

杂物堆积如山

我并不是说，和蟋蟀人一起生活绝对会很轻松，他们肯定也会有混乱的时候。蟋蟀人内心的完美主义会压过其对简洁视觉的需求，也正因如此，蟋蟀人才会成为典型的囤积者。他们会把东西先堆在一起，想着"随后"再好好收拾，但有时那个"随后"永远不会到来。

我丈夫过去有堆积东西的习惯，说真心话，这些堆积物曾是我生活的烦恼之源。与大多数蟋蟀人一样，他最大的问题是不擅长整理文件，因为一套分类精细的文件归档系统需要整理者长期勤奋维护。蟋蟀人对精细分类的整理系统的需求，意味着他们更喜欢有大量分类的文件归档系统。档案柜或文件箱是他们创建文件归档系统时的首选，但是，建立一套分类精细的文件归档系统需要时间。即使真的建立起这样一套系统，要维护它也是非常耗时耗力的。你需要每周专门腾出不少时间，对账单、报表或其他邮件进行精细分类。如果系统过于复杂，许多蟋蟀人还会因此产生拖延心理，他们会等有了"更多时间"后才去动手整理。

这种在文件整理方面的拖延症是困扰我婚姻多年的最大问题。我们刚结婚时，指定由乔来负责家里各种账单的支付工作。因为在理财方面，他一直比我强得多，所以，这项任务交由他来负责很合理。每天，我们都会把新收邮件堆放在我家小小的书桌上，好让乔"随后"去支付这些账单。因为害怕会忘记缴费，所以他不想把这堆邮件存档。但他在每晚下班回家以后，也不想花时间去处理这些邮件。等到了周末，邮件将会堆积如山，我们连书桌都无法使用了。当我清扫的时候，我的瓢虫型大脑就会固执己见，认为这堆东西应该远离我的视线，所以，我便会把它们藏在办公室的某个地方。

但如果东西被收起来，少了视觉上的提醒，乔便会忘记那堆账单的存在。然后就会出现一两张账单迟缴或完全忘缴的情况。由此可见，我和乔的整理风格截然不同。也正因如此，我的蟋蟀人丈夫才会因为我藏起账单而生气，我也会埋怨他一开始就把账单堆起来。就这样，这个无比荒唐的游戏，我们玩了很久很久。我们花了整整三年才开始尝试其他不同的解决方案。

第 10 章
与蟋蟀人共处：为他们留出专属空间

我们尝试的第一种解决方案，是换我来支付账单和整理邮件。我讨厌看到杂物，所以，我会把邮件放在置物篮里，每周集中处理一次。但当我处理完毕，要将这些文件进行归档时，情况就开始急转直下了。乔花时间打造了一套超棒的文件归档系统，其中，有你能想象到的各种文件类别。老实说，我的瓢虫型大脑并不擅长如此精细的分类，所以，哪里有地方能让我把这些文件塞进去，我就会把它们藏在哪里。但当乔需要我"归好档"的文件时，我就不得不到处翻找。在我家，每到纳税时间必定会上演这样一场令人懊恼的捉迷藏游戏：消失的文件、愤怒的乔。我完全能理解他为何如此生气。那绝对是一场噩梦。更糟糕的是，在第一轮迟缴或忘缴账单的游戏结束之后，我们又花了三年去玩这种愚蠢的找文件游戏，在此之后，我们才又去尝试其他的整理方案。

最后，我俩找到了对双方都有用的方案，那便是将我们各自的整理方式相结合。我们选择在小书桌上放置一个文件夹，并贴上清晰的"已收邮件"标签，这样乔便可以把邮件都放进文件夹，随后再自己找时间整理即可。这样做既足够明显，能提醒乔记得缴费；又足够隐蔽，能让我不那么在意它。一旦乔支付过账单、将邮件分好类后，他便会将这些文件统统归入两个大类："家庭"和"工作"。我买了两个大整理箱，贴上这两个相同的分类标签。就这样，我们现在都找到了方便的地方来放置这些文件，将其保留至纳税时间。

可以确定的是，这并不是蟋蟀人理想中的整理系统。如果他需要从其中一个整理箱里找东西，那么他确实要经过一番认真筛选，才能找到要找的东西。对我的瓢虫型大脑来说，这套系统也不甚理想。我

175

更愿意把文件归档系统放在书桌之外的其他地方，用两个贴有标签的整理箱全部装起这些文件，然后藏在柜子里。但这就是妥协的艺术，对我俩来说，这套系统运作良好。现如今，我们能清楚地知道每样东西的位置，也不会再把东西放错地方，最重要的是，我们不会再因为文件堆积问题而争吵了。

我丈夫的"懒人故事"

在我们家里，我把乔的个人空间"驱赶"到了车库里。我自己心里也明白，这样做很"过分"，更不用说别人凭刻板印象会多么不理解我的行为。但是，我们的小家只有大概一百三十平方米，还有三个孩子，实在是没有多余的地方给乔当专属空间了。不仅如此，乔还非常痴迷于木工和各种修修补补的活儿，所以，选择把车库改造成他的"窝"还是相当合理的。

因为我们家进出都要通过车库，所以对乔来说，车库并不是独属于他一个人的空间。此外，里面还存放了自行车、运动器材以及其他与车库有关的物品。可怜的乔，车库本来是我们家唯一可以让其释放蟋蟀人天性的地方，但里面却堆满了一大堆压根儿就不属于他的东西。

我没有整理过这个地方，这也意味着，我之前从未清扫过这里。这是他的空间，也由他独自负责整理。然而，就像我其他的蟋蟀人客户一样，要给这么多东西找到放置的地方，会让他追求完美的大脑不堪重负。"我应该从哪里开始整理？什么才是最好的整理系统？我怎

第 10 章
与蟋蟀人共处：为他们留出专属空间

样才能整理好这些类别？"他非常努力想要找到合适的整理方案，但车库里的东西却越堆越多。

对乔来说，车库里最难整理的是他的工具。他想用分类精细的整理方式收起这些工具，所以在整理期间，他把东西整整齐齐地分成许多小堆，铺满了整个车库的地板，车库里甚至没有可供行走的空间。接着，他的焦虑便转移到了他丢失或损坏的工具上。一方面，他不想将自己所有的工具都摊开放在外面；另一方面，在设计出有效的整理系统之前，他又不想把它们都收起来。

于是，就像我其他的客户一样，这种在蟋蟀人群体中极其常见的"完美主义瘫痪症"在乔的身上也出现了。如果乔想要战胜它，就需要改变做事时的优先级。

对乔来说，当他最终停止过度规划和过度思考，并决定采取行动时，他便已经踏上了转变之路。他不再拖延，而是用了一整个周末来整理车库。为了处理这堆庞杂的物品，乔必须克制住内心对完美主义的过分追求，这是必要的前期准备。

我们家车库上方有一个很大的空间，要用那种老旧的下拉式梯子才能上得去。当初我们买下这所房子时，乔最初的计划是要建造一个新楼梯，这样他就可以进入自己梦想中的工作室，并将他所有的工具都放在里面。但是，我们都搬进来三年了，这个空间仍然空空如也，而车库底层则混乱不堪，堆满了杂物。

177

在这三年里，乔苦心探索，想要找到市面上最棒的工具柜和工作室整理系统。如果找不到合适的，他就想亲自动手做。他苦苦思索着建造楼梯的最佳方式，想着怎样修建楼梯才不会占用车库太多的空间。他反复规划自己梦想中的工作室，希望确保所有东西都能发挥作用，且能被妥善收好。

乔只要放下对自己梦幻工作室的理想憧憬，就能拥抱"够用就好"的整理理念，这样，即便他尚未完全设计好自己的工作室，也能开始将工具搬进里面了。乔真是个好学生，因为他能听进我的建议。他开始采用分类简单的整理术，把电动工具放成一堆，手动工具放成另一堆。为了让自己行动起来，他把自己精细分类的想法暂时搁置一边，这样他至少可以先把工具分类好并收起来。

只用了一个周末，乔就把他所有的工具和材料都搬进了阁楼，现在他有自己的工作室了。虽然这个工作室还不是很完美，乔仍需拉下那个摇摇欲坠的老梯子才能进出阁楼，但这是一个开始。正是通过降低自我期望，乔才能战胜"完美主义瘫痪症"，并最终采取行动、创造出独属于他的空间。

在初步完成简单整理之后，乔就把整理工作室当成自己生活中的优先事项。现在，他每周至少会安排一个小时，创建分类精细的系统，用来整理他的工具和材料。他一丝不苟地将钉子、螺丝和螺栓分类放入多层的整理盒中，甚至还按粗细程度对砂纸进行分类，并把它们放入文件归档系统。他还花时间给每个小抽屉、罐子和隔层都贴上标签。三个月后，他梦想中的工作室终于完成了。

第 10 章
与蟋蟀人共处：为他们留出专属空间

可以说，乔现在的工作室便是蟋蟀人整理的理想面貌。所有东西都经过完美的整理，被装在定制的柜子里。他的工作台上没有一点杂物，而且，他虽然经常做木工，你却很难找到一粒灰尘。迄今为止，这是我们整个家中最有条理的空间，即便要维护如此精细详密的整理系统，乔也没有任何问题。

最终，他将自己的工作室改造成了梦寐以求的样子，但要走到这一步，他需要先降低最初的期望。蟋蟀人的完美主义可能会让他们变得优柔寡断和拖拉，要帮助他们克服这些，秘诀就在于：让他们在一开始，就去拥抱"够用就好"的整理理念。

蟋蟀人的三步行动

说到整理工作，或是要达成人生中的任何目标时，对蟋蟀人来说，有一点非常重要，那就是：要先学会放下对自身的高期望，从简单、宏观的计划开始。

虽然每个蟋蟀人的情况都不相同，但如果你身边的蟋蟀人真的很难开始改变，那你可以向他们伸出援手，帮助蟋蟀人完成整理的前两步，然后再放手让他们去做自己最擅长的事，也就是整理的第三步。

第一步，简单分类。 在整理空间时，先将物品简单分为几个大类。比如，若你要对工具进行分类，第一步只需把手动工具和电动工具分成两堆放置即可。刚开始要保持专注，不要按螺丝刀的不同类型或手动工具的类别去分类，这样容易分散注意力；至于在大类的基础

179

上，再一步步细分小类别和子类别，那要放在最后一步。

第二步，为物品找个家。初步分类完成后，再确定每个类别的东西应该被放在哪里。对许多蟋蟀人来说，在这一步，他们也可能遇到完美主义这块绊脚石。就拿工具来举例吧。也许，你会决定把手动工具放在工具箱里。但你可能一时找不到或买不起理想中的工具箱，在这种情况下，你很可能会想着，工具就先这样放着，等将来找到完美的工具箱再说吧。请别这样，去拥抱"够用就好"的整理理念。比如，可以先用旧梳妆台，必要的话，甚至可以用空整理箱来代替。其实，只要确保每样东西都有一个整洁的"家"就行了。请记住，你余生有的是机会，只要你愿意，就可以回头把它改造得更完美；但目前的话，暂时够用就好了。

第三步，精细分类。当每样东西都经过简单分类，并有了自己专属的"家"之后，就该释放你的蟋蟀人天性、在精细的整理系统中创建子类别了。请记住，每样东西的整理处都需要贴上标签，因为当你创建出大量子类别时，你很容易便会忘记东西被放在哪里了。这个过程很耗时间，所以，当你计划需要多久才能创建出完美系统时，记得要切合实际。我建议你，每周给自己安排三十分钟，专门用于精细分类工作。不要幻想一夜之间就能完成所有工作，只有这样，才能确保你在分类过程中不会有太大压力，你也就不太容易灰心。

调整期望，保留个人空间

协调不同整理风格的黄金法则是，优先采用视觉丰富和分类简单

第 10 章
与蟋蟀人共处：为他们留出专属空间

的整理术。但对蟋蟀人来说，这意味着他们要放低对简洁视觉和精细分类系统的追求。为此，我得向你们说一声：抱歉呀，蟋蟀人。你仍然可以拥有一个整洁实用的家，但前提是，你必须调整自己的期望，只有这样才能获得成功。

如果蟋蟀人与蜜蜂人或蝴蝶人这样的视觉丰富派一起生活，他们必须优先采用视觉化整理方案。这就意味着，他们要想长期保持空间的整洁，在整理时需要用到开放式置物架、大量挂钩、标签和透明塑料盒。他们绝对需要由日历、待办事项清单和邮件分类系统形成的"视觉指挥中心"。所以，与其想着把大衣、钱包、背包等东西都收在柜子里，还不如在家里多安装一些挂钩，这样要明智得多。要把日用品放在看得见、够得着的地方。此外，蟋蟀人在鼓励视觉丰富派放手去清理不再使用的物品时，也需要有耐心。

如果蟋蟀人与瓢虫人或蝴蝶人一起生活，要尽可能使用分类更简单的整理系统。比如，只用一个置物篮来装已支付账单，只用一个整理盒来装创可贴、止痛药等所有急救用品。请记住，对蝴蝶人和瓢虫人来说，使用大号开放式整理盒是整理成功的关键。他们需要的是，无须多加思考便能将物品丢回适当地方的整理术。虽然这种方法可能看起来没有条理，不是蟋蟀人想要的效果，但这样做，至少能保证每样东西都有放置的地方，可以让他们在用完东西后轻易地把它们收好，从而大大减少空间外观上的混乱程度。

鉴于以上都是蟋蟀人在让步，所以，给他们一个专属空间，让他们可以按照自己的个人风格来整理，就显得至关重要了。当然，这个

让你摆脱混乱的
人生整理术

空间可以是手工室、办公室、车库，甚至只是属于他的一个柜子。蟋蟀人对细节和实用性的需求不只流于表面，因为做到这一点对帮助他们缓解焦虑至关重要。视觉上安静整洁的空间，既能使他们的灵魂平静下来，又能确保他们清楚地记得东西被放在哪里。井然的秩序和精心的布局是他们快乐的源泉，所以，家里至少要有一些地方能让他们体会到这种感觉，这一点相当重要。

在蟋蟀人的个人空间里，他们要能自由张扬个性，按自己的喜好对自己的物品类别进行细分。请记住，对蟋蟀人来说，要建立契合自己个性的系统必定非常耗时，所以，在他们行动期间，请你务必保持耐心。相比简单分类的整理系统，建立一套精细分类的整理系统需要花十倍的时间和精力，并且建立起来后还需花更多的心力去维护它。这套系统的好处是，每样东西都能更容易被找到，而且一旦被创建好后，蟋蟀人维护起来也没什么问题。

在共用空间中，虽然默认让蟋蟀人采用简单分类的整理术确实很重要，但同样重要的是，要给蟋蟀人专属的空间，只有这样，他们才能去追求天性中对于细节和分类的热爱。他们需要一种非常实用的整理方式来整理好自己的物品。

和蟋蟀人一起生活或工作时，我能给你的最后忠告是：千万不要移动他们堆积的东西。

你能做的最糟糕的事，就是移动蟋蟀人的堆积物，然后把它们藏起来。这样一来，蟋蟀人很可能会忘记那堆东西里面有什么，这只会

第 10 章
与蟋蟀人共处：为他们留出专属空间

徒增他们的恐惧，进一步加强他们日后对囤积的需求而已。无论好坏，蟋蟀人在匆忙的时候经常会用这种方法。虽然其他人可能很难看明白，但你身边的蟋蟀人之所以会把这些看似完全随机的物品，分类整理成堆，一定是有原因的。要么是他们有自己的理由；要么便是，当他们找东西时，至少能大概知道东西被放在了哪一堆里。归根结底，他们堆积杂物的原因还是害怕把东西弄丢或放错位置，害怕连写在纸上的事也会立刻忘记。蟋蟀人害怕忘记或弄丢东西，害怕在整理过程中犯错。由此可见，这些堆积物说到底只是他们暂时没有完善应对策略的产物罢了。

那么，面对这种情况，你能做什么呢？答案是：向你身边的蟋蟀人伸出援手，帮助他们创建"够用就好"的整理系统，用来整理那些杂物堆。有时候，你只需要一个简单的置物篮就可以把它们装起来，当置物篮越装越满时，它还能作为对蟋蟀人的视觉提醒，提醒他们是时候清空置物篮了。请想想我们家使用的"无家可归杂物篮"。有时候，你还需要为已经囤积起来的物品找"新家"，但在重新安置这些物品时，请一定要先告知蟋蟀人，尊重他们的想法。此外，还要记得给这些"新家"贴上标签，从而帮助蟋蟀人减轻焦虑。

虽然这可能是我的一己之见，但事实上，蟋蟀人真的是非常棒的室友、伙伴和同事。只需要一点点沟通和让步，我们就能打造出大家都觉得好用的空间。诚然，无论一起相处的是哪些整理人格类型的人，最关键的都是要有所沟通和让步。

第 11 章

轻松实现人生的升级

第 11 章
轻松实现人生的升级

人生好比电子游戏

在《爱你说谎的方式》(*Love the Way You Lie*)这首歌曲中,歌手埃米纳姆(Eminem)唱道:"生活不是任天堂游戏。"对此,我不敢苟同。诚然,埃米纳姆有一点是对的:从边缘掉落之后,我们无法重新开始人生这场游戏。但我们在闯入下一关前,也确实需要先通过眼前的关卡。

生活就像打怪升级,这是我内心坚信不疑的想法。这个概念很简单:我们每个人都想从生活中得到更多。我们希望能有更多时间来陪伴爱人、发展爱好;希望银行账户中有更多钱;希望有更多东西能带给我们欢乐。追求成长与成功是人类的天性。打怪升级是一个积累经验的过程。但在迈向更宏大、更美好的事物之前,我们先得精通现有的东西。

我总是向往着自己的人生能更进一步。我向往拥有更大的家、更多时间,当然,还有更多钱。我想进一步发展业务,扩大品牌,希望能够在未来获得授权经营乃至特许经营。但是,如果不精简并控制目前的业务规模，我就无法达成上述任何一个目标。也就是说，当我连目前的生活都难以经营下去时，又谈何去承担更多工作呢？

所以，如果你梦想着要为所爱之人和所爱之事保留更多时间，为逐渐壮大的家族换更大的房子，购买更漂亮的车，在银行中存更多钱，那么你先要能轻松打理好现有的房子、汽车和财务。

帅气地经营好你的家

我之前经营着一家非营利组织，从那里离职后，我回归家庭，成了全职妈妈。我想告诉你的是，从那之后，我便猛然醒悟了。原来，我是个混乱的妈妈。不管做什么事，我都会迟到，我找不到任何东西，总是手忙脚乱，感觉压力很大。我开始思考，为什么我在上班期间可以管理好繁忙的办公室事务和组织计划，现在却好像连自己家都无法打理好呢？

那么，这种差异背后的原因是什么呢？其实，这是因为我没有用经营事业的方式去打理我的家。成为全职妈妈后，我每天只是在打发日子而已。记得上班那会儿，我每天早上一起床就开始洗澡，整理头发，然后穿上职业装。而在家里时，我整天都穿着睡衣。上班的时候，为了让自己在做事时更有责任感，同时激励自己去完成任务，我每天都会创建日程表和重要事项待办清单，并写明截止日期和预期结果。与此相反，在家里时，我没有日程安排，也没有需要担负的责任，这导致我平时都没什么干劲。除了陪孩子一起玩耍，把家里收拾得相对干净之外，我没有其他需要满足的期待了。

第 11 章
轻松实现人生的升级

有一天，我决定把经营家庭当作一份事业，并且亲自担任首席执行官。从那天起，一切都改变了。

每天早上，我强迫自己将衣服穿得整整齐齐，这会给我的一天带来巨大的正反馈。以前的我，在家整天都穿着睡衣，所以，我总感觉整天疲惫不堪、昏昏欲睡。但当我穿着整齐时，我能明显感觉到整个人变得更清醒、有活力。顺带说一下，当家里突然有人来访时，穿着得体也能给人留个好印象！

我制订了一张简单的日程表，把它贴在冰箱上，作为对预期工作的视觉提醒。没错，我必须强迫自己坚持下去。一开始确实很困难，但我不断地提醒自己，要把全职妈妈当成一份有偿工作来对待。我每天都会问自己：如果我花钱请别人来照顾孩子、打理我家，我会期待别人有怎样的表现呢？然后，我会尽我所能去采取相应的行动。几周以后，制订每日计划已经成为我的一种习惯，我不再将它当作一种负担或待完成的苦差事了。我在能熟练安排每日行程之后，就开始往里添加更大的任务，比如，和孩子们玩结构性游戏，陪他们一起学习，安排时间在家里做自己动手的项目等。

最终，我的待办事项清单越来越长，于是，我简化了我的生活习惯，我发现这样做能更轻松地完成每件事。我现在做的事，虽然比以往任何时候都要多，但我反而觉得自由时间更多了。没错，我已经升级了！对于做全职妈妈这件事，我现在已经得心应手了。这也意味着我每天都有额外的时间去做新的事。也就是在这个时候，我开始研究昆虫整理人格。

让你摆脱混乱的
人生整理术

一套高效的系统带来自由

同许多人一样，我在很长一段时间里，都很抗拒精心设计的系统，也许你也是这样。对我来说，遵从系统感觉就像一种服从。在面对可能出现的任何事时，我希望自己的日程安排都是自由、畅通的，也正是出于这个原因，我平时压根儿就不做日程安排。过去，我一直告诉自己，我要活在当下，而刻板地遵循惯例可谓创意杀手。我曾经有很多抗拒系统的理由，但现在看来，我当时真是大错特错了。

由于缺乏一套由正向、高效的行为习惯来执行的例行程序，我在不知不觉中创造了一套满是消极、负面、无效行为习惯的例行程序。每天，我都会浪费好几个小时，漫无目的地上网、看电视，却一直觉得没有时间去做自己真正想做的事。以前，我因为没有日常计划，所以每件事都得拖很久才能完成。尽管我那时觉得自己很忙，但我的效率却非常低下。我定下的目标和抱负一个都没有完成，原因就在于，我没有采取任何积极的行动来实现它们。

通过制订并遵守日程表和待办事项清单，我获得了比以往更多的自由时间。我知道，这听起来很疯狂，也很反常，但这是真的！无论你是蜜蜂人、蝴蝶人、蟋蟀人还是瓢虫人，我们都需要一套日常的例行程序，让生活变得更轻松。

所以，既然你已经知道了自己的整理风格，那现在就可以开始真正去改变你的生活了。是时候打怪升级了！

第 11 章
轻松实现人生的升级

如果你想管理好自己的家庭、财务和生活,那么,只需要一个简单的计划,就能开始改变。为你每天要完成的基本任务做好每日计划。一旦你能游刃有余地安排好每日计划,你就可以更进一步,在日计划、周计划和月计划中添加更多的任务。

好好整理应该成为每个人的目标,你可以从最简单的日常清洁做起,比如每天打扫十分钟。一步一步慢慢来,循序渐进;记得先关注整体,再关注细节。一旦你掌握了这种程度的日常整理后,每天就可以新增十五到二十分钟的特定任务,如整理塞满杂物的抽屉或清理冰箱。在你前进的过程中,记得要打造适合你和家人整理风格的全新整理系统。当你达成一个新目标时,无论它有多么微不足道,都要记得好好奖励自己,因为你真的很棒!每天迈出一小步,一步一步累积,那么,在你意识到之前,你的整理水平就会升级。日积月累,长期的小成就,会带来大变化。

精通家庭整理术,是你能掌握的最实用的技能之一。首先,它非常容易完成,只要坚持不懈就能办到。其次,它还是一种途径,能指引你通往人生的其他层次。当你能管理好自己家时,你就会觉得也能掌控好自己整个人生。让生活变得有条理,能让你获得更多时间和金钱,并大大减少你的压力。一个干净整洁的家,既能让你在每晚入睡时获得一种平静放松的感觉,也能在你醒来时赋予你能量和干劲。

对我来说,学会整理后,我的生活发生了戏剧性的变化。我不会再感到抓狂。现在,我能腾出更多时间陪伴我的家人,发展我的爱好。我不会再购买我已经拥有的东西,不会再忘记支付家里的账单,也不会再把钱浪费在对我不起作用的整理系统上。现在，我能在家创业了，也确实有空间、时间和信心来做这件事。也许，这是我潜意识中的正面思想所带来的力量，也有可能单纯是因为我第一次对人生有了掌控感。说实话，我自己也不太清楚。哈，可能是上述这些因素在共同起作用吧。我的意思是，只要你有能力做自己家的主人，你就有能力掌控自己的整个人生。在成为专业整理师以后，我听过成千上万个家庭的故事，他们在认识到自己的整理风格以后，终于能长期维持家里的整洁，进而见证到学会整理给人生带来的正面影响。

从今天起，开始行动

朋友们，今天是崭新的一天。从今天起，开始有条理的新生活吧！好好把握，好好规划，即刻行动。列一份简单的待办事项清单，创建新的日程表，以全新的热忱投入整理工作中。清理不用的东西，创建契合自己整理风格的新系统，给看得见的整理容器一一贴上标签。

在整理过程中，当你感到气馁时，请记住，你身边的杂物并不是在一天内累积起来的，所以，它们也不会在一天内消失。清理杂物和整理都需要时间，所以，请不要绝望。因为你正在做的，不仅能让你的家变得更实用，同时这也是你学习新技能的过程，它可以促使你在人生中不断升级。

刚开始的一段时间，你可能还会依赖旧的习惯，但这没关系。明天再试试就好了。我可以向你保证，只要你能坚持下去，你就能将自己家收拾得干净整洁。根据我的经验，如果你能在家里建立新的日常

第 11 章
轻松实现人生的升级

习惯，那你也能极大地改善你生活中的其他领域。既然你已经真正认识了自己，了解了自己的整理风格，那你就无须再设置那些会让你失败的系统。最终，你必定能迎来内心期盼已久、积极、持久的变化。

从小事做起。不然，横亘在你面前的巨大混乱和整理任务，会让你压力很大。要记得"不积跬步，无以至千里"。整理时，每次只清理一堆杂物、一个抽屉或一个置物架，待整理完成后，再继续下一个任务。庆祝每一次胜利。在成为整理达人的道路上，每踏出一步都值得欢欣鼓舞，因为正是无数小小的步伐，才造就了即将到来的大变化。

下面有一些简单的方法，可以帮你有个好的开始：

方法一：制订一份简单的待办事项清单。 选择八到十个你想要完成的小任务。哪些算小任务呢？举例来说，打扫车库这项任务的工作量就过于庞大，会给人很大压力。相比之下，整理车库里的鞋子，这项任务感觉就更容易做到。所以，从后者这类任务着手整理会更好。

方法二：确定任务的优先次序。 在制订好待办事项清单后，用三个点来标记最重要的任务，用两个点来标记次重要的任务，而那些对你一天影响最小的任务，可以用一个点来标记。本章后面有待办事项清单的范例。记住，一定要先做清单中最优先的任务。我把这种时间管理法称为"吃掉你的青蛙"。命名的灵感源自美国作家博恩·崔西（Brian Tracy）的《吃掉那只青蛙》（*Eat that Frog!*），那是一本讲述如何高效安排时间的有关行动力的书。他提出了一种时间安排策略，并用"吃青蛙"这个相当形象的比喻来命名它。这种时间安排策略其实很简单：先解决你清单上最重要、最无趣的任务，这样，你清单上的其他任务就会显得容易很多。博恩·崔西引用了一句话来命名这一策略，即马克·吐温所说的"如果你早上起来第一件事，就是吞一只活青蛙，那这一天就不会有更糟糕的事发生了"。

做好每项工作，直到完成为止。我患有 ADHD，所以，我很明白有的人为什么容易分心。这也是在制订清单时，只列出容易实现的小目标如此重要的原因。同样，在开始新的任务前，要先彻底完成当下的任务，这也很重要。完成任务时，如果做一半留一半，那么不仅会消耗你的动力，还会阻碍你的进步。从清单上删除已完成任务的感觉太好了，这种油然而生的成就感会激励你继续前进，让你一步步成为整理达人。花点时间，认可这些小胜利，并为之举杯庆祝。

只要了解了自己的整理风格，并遵循这三个简单的步骤，你就一定能解决混乱问题，走出整理困境。

无论你是蝴蝶人、蜜蜂人、瓢虫人还是蟋蟀人，这些策略都会发挥作用。只要认真遵循这些整理策略，你一定能变得有条不紊。即便你几十年来一直生活在杂乱无章的环境中，并且对改变现状失去了希望，那也没有关系。我一直坚信，每个人都有可能打理好自己的生活。

在本章结尾，我分别为你提供了优先事项清单、待办事项清单、每日计划表和行程安排表的模板。谢谢你，让我得以在你的人生旅途中陪伴你一程。我很高兴你能走这么远，也很荣幸你能从我的书里寻

第 11 章
轻松实现人生的升级

求到帮助。但是，我还是得再申明一下：我鼓舞人心的态度、对于整理人格的见解、提供的实用整理术，只能帮助你走到这里了。从现在起，你必须撸起袖子，将从本书中学到的工具和方法付诸实践。只有你才能实现自己的终极整理目标——拥有一个整洁清爽的家，过上轻松无压力的生活。相信自己，我亲爱的小昆虫们，你们的梦想必定会实现。你们值得拥有更美好的生活。

让你摆脱混乱的
人生整理术

优先事项清单

将待办事项按优先级排序，可以提高做事效率。

最重要的任务

其他重要（或紧急）事项

如果还有时间……

为自己做的事（每天最少一件）

第 11 章
轻松实现人生的升级

待办事项清单

让你摆脱混乱的
人生整理术

每日计划表

日期

优先事项

| 1 |
| 2 |
| 3 |

运动

喝水
○ ○ ○ ○ ○ ○ ○ ○

饮食

| 早餐 |
| 午餐 |
| 晚餐 |
| 零食 |

早上

下午

晚上

备注

第 11 章
轻松实现人生的升级

行程安排表

具体行程　　　　　　　　日期

- 6:00
- 7:00
- 8:00
- 9:00
- 10:00
- 11:00
- 12:00
- 13:00
- 14:00
- 15:00
- 16:00
- 17:00
- 18:00
- 19:00
- 20:00
- 21:00
- 22:00

必须做的事

致　谢

感谢帮助我完成这本书的每个人。

感谢给予我极大支持的我的丈夫乔，你的智慧和稳重的举止，完美地平衡了我的极致疯狂，对此，我真的非常感激。在这趟叫作生活的旅途中，我很幸运能与你为伴。你好比指南针，一直指引着我的人生之路。

感谢我的孩子们，伊齐、阿比和米洛，如果没有你们，我真的不知道该怎么办才好。你们带给我的人生意义和快乐，远超我的想象。还有，你们都很有趣，你们是我最好的朋友。

感谢我的出版商曼戈（Mango），非常感谢你们能给我这个机会。与你们合作是一次超棒的体验，谢谢你们为我做的这一切，我深表感激。

感谢我的编辑们，雨果、MJ、斯蒂芬妮、德文和安德烈娅，你们真是太棒了！多亏了你们的帮助，我才能理清自己乱七八糟的想法，并将其清晰明确地表达出来！你们每个人都很有才华，非常感谢你们贡献的智慧和专业知识。

感谢我的助手阿利莎,有你真是太幸运了!我每天都能从你身上学到新东西。你为我的整理业务确立了重点,对此,我感激不尽。等你将来成为著名电影制片人的时候,还请不要忘记我呀!

感谢我超赞的线上社区,我爱你们。特别感谢为本书提供信息的人。每天,我都会因你们的支持、鼓励以及你们在生活中的转变而感动和受到激励。这本书是写给你们的,也正是因为有你们,才会有这本书。

未来，属于终身学习者

我们正在亲历前所未有的变革——互联网改变了信息传递的方式，指数级技术快速发展并颠覆商业世界，人工智能正在侵占越来越多的人类领地。

面对这些变化，我们需要问自己：未来需要什么样的人才？

答案是，成为终身学习者。终身学习意味着永不停歇地追求全面的知识结构、强大的逻辑思考能力和敏锐的感知力。这是一种能够在不断变化中随时重建、更新认知体系的能力。阅读，无疑是帮助我们提高这种能力的最佳途径。

在充满不确定性的时代，答案并不总是简单地出现在书本之中。"读万卷书"不仅要亲自阅读、广泛阅读，也需要我们深入探索好书的内部世界，让知识不再局限于书本之中。

湛庐阅读 App: 与最聪明的人共同进化

我们现在推出全新的湛庐阅读App，它将成为您在书本之外，践行终身学习的场所。

- 不用考虑"读什么"。这里汇集了湛庐所有纸质书、电子书、有声书和各种阅读服务。
- 可以学习"怎么读"。我们提供包括课程、精读班和讲书在内的全方位阅读解决方案。
- 谁来领读？您能最先了解到作者、译者、专家等大咖的前沿洞见，他们是高质量思想的源泉。
- 与谁共读？您将加入优秀的读者和终身学习者的行列，他们对阅读和学习具有持久的热情和源源不断的动力。

在湛庐阅读App首页，编辑为您精选了经典书目和优质音视频内容，每天早、中、晚更新，满足您不间断的阅读需求。

【特别专题】【主题书单】【人物特写】等原创专栏，提供专业、深度的解读和选书参考，回应社会议题，是您了解湛庐近千位重要作者思想的独家渠道。

在每本图书的详情页，您将通过深度导读栏目【专家视点】【深度访谈】和【书评】读懂、读透一本好书。

通过这个不设限的学习平台，您在任何时间、任何地点都能获得有价值的思想，并通过阅读实现终身学习。我们邀您共建一个与最聪明的人共同进化的社区，使其成为先进思想交汇的聚集地，这正是我们的使命和价值所在。

CHEERS

湛庐阅读 App 使用指南

读什么
- 纸质书
- 电子书
- 有声书

怎么读
- 课程
- 精读班
- 讲书
- 测一测
- 参考文献
- 图片资料

与谁共读
- 主题书单
- 特别专题
- 人物特写
- 日更专栏
- 编辑推荐

谁来领读
- 专家视点
- 深度访谈
- 书评
- 精彩视频

HERE COMES EVERYBODY

下载湛庐阅读 App
一站获取阅读服务

THE CLUTTER CONNECTION: HOW YOUR PERSONALITY TYPE DETERMINES WHY YOU ORGANIZE THE WAY YOU DO by CASSANDRA AARSSEN
Copyright © 2019 CASSANDRA AARSSEN
This edition arranged with Mango Publishing (Mango Media Inc.) through BIG APPLE AGENCY, INC., LABUAN, MALAYSIA.
Simplified Chinese edition copyright: 2024 BEIJING CHEERS BOOKS LTD.
All rights reserved.

本书中文简体字版经授权在中华人民共和国境内独家出版发行。未经出版者书面许可，不得以任何方式抄袭、复制或节录本书中的任何部分。

版权所有，侵权必究。

图书在版编目（CIP）数据

让你摆脱混乱的人生整理术 /（加）卡桑德拉·阿尔森（Cassandra Aarssen）著；吴岭译. -- 杭州：浙江教育出版社，2024.4
ISBN 978-7-5722-7732-0

Ⅰ. ①让… Ⅱ. ①卡… ②吴… Ⅲ. ①成功心理－通俗读物 Ⅳ. ①B848.4-49

中国国家版本馆CIP数据核字(2024)第077228号

浙江省版权局
著作权合同登记号
图字：11-2024-076号

上架指导：生活方式 / 心理学

版权所有，侵权必究
本书法律顾问　北京市盈科律师事务所　崔爽律师

让你摆脱混乱的人生整理术
RANG NI BAITUO HUNLUAN DE RENSHENG ZHENGLISHU

[加] 卡桑德拉·阿尔森（Cassandra Aarssen） 著
吴　岭 译

责任编辑：陈　煜	
美术编辑：韩　波	
责任校对：刘姗姗	
责任印务：陈　沁	
封面设计：ablackcover.com	

出版发行：浙江教育出版社（杭州市天目山路40号）			
印　　刷：唐山富达印务有限公司			
开　　本：880mm×1230mm 1/32		插　页：1	
印　　张：6.75		字　数：158千字	
版　　次：2024年4月第1版		印　次：2024年4月第1次印刷	
书　　号：ISBN 978-7-5722-7732-0		定　价：79.90元	

如发现印装质量问题，影响阅读，请致电 010-56676359 联系调换。